逆齡拉提術

多元活膚緊實達人

盧杰明◎著

　　以前醫學美容尚未蓬勃發展，對於這塊領域的認知也較少，而經過這幾年大家愛美意識抬頭，許多皮膚科、整形外科、一般科醫師、非專科醫師都紛紛加入醫學美容行列，醫學美容於是進入前所未有的繁榮時期，台灣醫學美容診所數量也出現爆炸性的成長。因為醫學美容種類太多，究竟該如何選擇適合自己的項目，也是我們經常要對求診客戶解說的部分。因此才會需要寫出正確的醫學美容觀念，提供愛美人士們參考，以免愛美不成反受傷害，或迷失在諸多醫學美容名詞之間。

　　隨著科技的進步，雷射、美容儀器、肉毒桿菌毒素與玻尿酸注射等美容品項進展快速。針對不同病情，必須採取不同的雷射治療；重視病人安全，提高醫療品質，避免醫療糾紛，是醫師應該身體力行的任務。面對患者時，醫師必須把每一種微整形、美容項目的特質講解清楚，雙方都可以避免醫療糾紛，也可以保護消費者。醫學美容項目診療，目前已成為愛美人士喜歡並固定去保養的項目，因此本書有一個章節專門討論「5D逆齡拉提術」的作用原理，讓大家能更充分知道各種保養品的成分與功效。

　　醫學美容產業快速興起，同時也伴隨醫學美容糾紛案件層出不窮，使用醫學美容的民眾變多了，存在風險的個案數量也逐漸增加，演變成為醫學美容醫療糾紛。近幾年醫病關係的改變，醫療投訴案件非常之多，其中醫療美容糾紛占了四分之一，內容真的是千奇百怪。因此，醫學美容業者必須謹守道德標準，才能避免醫療糾紛，並同時照顧患者健康，也就是醫學美容的醫

療行為必須合乎道德規範與社會期待。

　　本書除了提供醫學美容的原理，與相關資訊和知識，還特別強調並深入解析「5D逆齡拉提術」這個項目，希望能夠幫助消費者多了解相關知識，避免愛美人士掉入美容陷阱。

　　每個人都有變美的權利，整形已不再是羞於見人的事，許多實際做過醫美微整的人，都願意將親身經驗分享出來，而這些經驗不論成功或失敗，都值得作為參考。建議愛美的你在選擇微整前，一定要多問、多打聽，記得安全第一，療程的效果、價錢反而是其次，無論是任何型態的整形，都應該要找經驗豐富且專業的專科醫師來執行，考慮清楚再做決定，就會得到自己心目中最滿意的結果。

盧杰明

當我得知盧教授的新書即將面世，第一時間向他致以誠摯祝賀，通話中，他贈予了一份讓我又欣喜又激動的「禮物」——為其新書作序。直至此時提筆，我心中依然激動萬分，從事整形美容事業多年，有幸參與並見證了中國整形美容行業的發展與壯大。

眾所周知，整形美容行業在世界範圍內已發展成為新興產業，成為繼房地產、汽車銷售、旅遊之後的第四大消費行業，美國、中國、巴西、日本是世界整形美容消費大國。或許你可能還不知道，隨著中國改革開放的不斷發展與深入，人們生活水準的不斷提高，中國已成為繼美國之後的世界第二大整形美容消費大國。國人對美的追逐更加強烈，更加鍥而不捨，相較於我國龐大的愛美者群體，我國正規、專業的醫療整形美容機構、醫療整形美容科技與書籍略顯匱乏。正是在這樣的大環境下，我改行投身整形美容行業，壹加壹美容醫院集團應運而生，順勢而為，成為廣大愛美者實現心中美麗夢想完美綻放的專業平臺。

我與盧教授的相識也始於這份美麗事業，我曾在赴台考察期間多次請教盧教授，盧教授得知我也是從事整形美容行業的工作時，他傾心相授，為我指點迷津，我們聊得頗為投緣，他成為了我隔海相望的一位佳友。得益於我們集團龐大的專家團隊資源、濃厚的醫學專業學術氛圍，積極開展環球整形美容學術交流與合作，不斷引進先進的整形美容技術，過程中時常會見到盧教授。我們壹加壹美容醫院集團總裁劉琳琳女士擔任海峽兩岸醫療健康產業促進會醫美分會副會長，促進寶島臺灣與大陸之間的民間醫療交流與合作。

　　愛美之心，人皆有之，生命不息，愛美不止。盧教授的新作將臺灣的整形美容技術分享給廣大的愛美人士，為大家的美麗蝶變助力。我們壹加壹美容醫院集團以「整形外科、皮膚美容、口腔美容、毛髮移植、微針塑形」五大美麗夢幻空間作為絢麗組合，為愛美人士提供專業權威的醫學整形美容服務。新加坡國際巨星阿杜（ADO）戰略加盟ONLY壹加壹美容醫院集團；眾多港臺明星包括鐘淑慧、劉錫明、洪欣、麥家琪、魏俊傑、中國好聲音學員葛林、倪雅豐以及知名主播與電視主持人阿進、劉剛、項玲、方禕、宗靜等紛至遝來。微整形除皺塑形頗受明星們的歡迎，對於普通大眾而言，做微整形也已經日漸普及，像家常便飯一般不足為奇。

　　可以預見，隨著中國內地整形美容市場的不斷成熟，整形美容科技的日新月異，促進了中國內地整形美容行業的發展，越來越多的整形美容人才資源不斷湧現，為推動整形美容行業的發展與進步獻出自己的綿薄之力。在這裡深深感謝廣大的愛美人士們長期給予我們的關注與支持，謝謝大家，我們會一如既往的繼續努力，為大家帶來更好的蝶變體驗與服務！

魏國華
壹加壹美容醫院集團董事長

有越來越多的醫療市場研究證明，醫學美容是目前與明日最亮眼的行業。因此，醫學美容抗衰老各種療法目前在國內可說是五花八門，包括脈衝光、黃金光拉皮、雷射拉皮、電波拉皮、電漿回春、超音波抽脂、水刀抽脂、雷射溶脂、肉毒桿菌注射、玻尿酸注射、微晶瓷隆鼻等等。

解決面子問題的方法的確隨著科技的進步有所改變，一般民眾對於日新月異的醫療科技似乎難以深入了解箇中奧秘，只能從醫美從業人員的口中略知一二。今天終於有盧杰明醫師這位資深專業外科醫師，針對一般民眾想要了解的各種醫學美容療法，以及所必須知道的理論實務、術後保養知識，在本書做了一番詳盡的介紹，所以本書不僅適合醫美專業諮詢人員作為教育訓練教材，也適合一般民眾針對自己的皮膚狀況，查詢符合需求的治療模式以及術後應注意事項；其中，「5D逆齡拉提術」更是愛美人士要了解此項醫學美容領域值得參考的書籍。

我認識的盧醫師心思細膩、行事謹慎，是很有上進心的醫師，因為在國內外都接受了嚴格的外科訓練，所以跟病患的互動除了有與生俱來的親和力外，還有樂觀進取的個性，對手術、治療的方式及程序，都可以耐心地跟求診者溝通，並接受諮詢到彼此能接受的階段，才進行後續的療程。

盧醫師一直以來都讓我有非常好的印象，我樂於推薦給身邊好友們，因

他不斷精進進修、努力不懈的態度，也造就他今日成就，的確令人敬佩。

　　盧醫師憑藉近28年的外科經驗和執刀技術，對於「美」有其獨到的見解，研究發展的「5D逆齡拉提術」更是亮眼的外科成績單，這本嘔心瀝血之作是深入淺出的實用寶典。不論男女，相信都可以讓您們對逆齡拉提術這個醫美項目有嶄新的視野！

朱馨翎
資深媒體人

第一篇

抗老不用大作戰，就是要輕鬆變年輕 *14*

第一篇

抗老不用大作戰，
就是要輕鬆變年輕

Chapter
1

逆轉時間密碼，
超世紀逆齡術

　　當臉上開始出現難以解決的鬆弛和皺紋問題，就算擦再多保養品也無法改善時，你就會開始羨慕起電視螢幕裡那些看起來永遠年輕、不顯露實際年齡的美魔女們，究竟是如何獲得這樣「不老」的神奇力量！？

　　現代人生活壓力大、作息不正常、外食機會高，加上不適當的節食減肥等原因，讓臉部肌膚提早出現皺紋、鬆弛、下垂等常見的老化現象；為了不再讓增長的年齡破壞你的美麗，現在，你可透過全臉拉皮逆齡手術療程來達到延續青春的目的。

　　而這樣的全臉逆齡手術包括：傳統拉皮、內視鏡拉皮、五爪拉皮、八爪拉皮等項目，不僅可以幫你擺脫老化現象，包括眉毛下垂、淚溝、臉頰下垂、眼睛下垂、法令紋及蘋果肌凹陷等問題，都可同時獲得改善，讓你輕鬆達到「凍齡」效果，重現青春神采！

修復衰老退化器官，重現青春活力 ──開啟逆齡大魔法

對於身體的修護，可以採用最天然的飲食方式來養好身體器官，此亦是人類延緩衰老、重返青春活力的最佳途徑。

女性從19歲半開始長出第一條皺紋

根據研究報導指出，人最先衰老的器官是大腦和肺部；而比較晚衰老的器官是肝臟，它在人們70歲時才開始進入衰老期。但最令人驚訝的是，女性從19歲半就會開始長出第一條皺紋，而男性則是從35歲起，臉部皮膚才開始出現鬆弛；也就是說，女性肌膚老化的速度比男性快，若不好好保養，再加上現今大環境各式汙染的殘害，美女們的老化速度會更驚人！畢竟，臉部肌膚是一個人的門面，是給別人的第一印象，若皮膚鬆垮有皺紋，會讓人看起來顯得「臭老」又不美觀。

以自然生長的情況來看，年齡漸增後，自體可生成膠原蛋白的速度就會減緩，加上能夠讓皮膚迅速恢復水

嫩的彈性蛋白彈性減小，甚至會發生斷裂，因此，皮膚在25歲左右開始自然衰老是正常的現象。

關於駐顏術，東方人多是希望能永遠維持滑嫩Q潤的皮膚，而這可以經由日常飲食來獲得，如補充豬蹄、豬皮、動物筋腱等食物，透過這些富含膠原蛋白及彈性蛋白的食物，即可補足身體流失的膠原蛋白；另外，還要補充鹼性食物以平衡身體的酸鹼值，而鹼性食物像是：蔬菜、豆製品、蘋果、梨子、柑橘類和海產品等，這些食物可提高皮膚的抗氧化作用。多吃含有鐵質的食物，像是蛋黃、動物肝臟、海帶、紫菜等，也可以讓你的臉色紅潤，洋溢好氣色。

值得注意的是，想要擁有優質肌膚的帥哥美女們，記得要避免食用精緻白糖或其製成的食品。據美國加州皮膚護理科醫生阿瓦‧山姆賓研究指出，「糖」是導致皮膚過早出現皺紋和鬆弛下垂的禍首，尤其是現代日益精製的糖類，會與皮膚中的膠原蛋白相結合，最終削弱膠原蛋白對皮膚的修復和再生功能。

② 抗老逆齡療法術前該做的事 ——檢測自己的肌膚老化程度

現今緊張忙碌的社會，工作、家庭兩頭燒，給生活其中的男女帶來高度的壓力，而這也加重了許多人的肌膚困擾，畢竟心理影響生理。當人們長期承受這些由內而外的總總壓力源，就會使得膚色暗淡、細紋、皮膚粗糙、斑點等可怕的症狀提早現形。

為了不讓這些肌膚上的小瑕疵敗壞了你的美麗，於是化妝品的施用越來越濃、化妝的力道越來越重，不僅因此抑制了毛細孔的呼吸，使得肌膚的問題更加雪上加霜，最後演變成不化妝就不敢出門。

有很多芳齡25的輕熟女或是正值青壯年的男士們，一旦卸了妝或是熬了夜後，就被叫成是歐吉桑或是大嬸，聽了真是讓人倍感心酸，你有過這樣的經驗嗎？以下我們就來做個小檢測，看看您肌膚的老化程度是不是跟實際年齡差很大！

看看自己有多老！？

下列檢測項目中，符合的請打勾；打勾一題得1分，分數自行加總後再看右頁的分析結果：

☐ 常常匆忙出門沒做防曬。

☐ 經常太累沒卸妝就睡覺。

☐ 一週有兩天以上都在熬夜。

☐ 臉部、眼睛開始出現細紋。

☐ 不愛運動，連散步都懶。

☐ 就算很早睡，早上起床還是很累，總感覺睡不飽。

☐ 愛吃油炸、肉類等食物。

☐ 不擦保養品，覺得自然就是美。

☐ 不喝水，只喝飲料。

☐ 每天處於緊張氣氛中，生活壓力大。

☐ 長時間待在冷氣房。

☐ 出門前一定要上妝。

☐ 平常出門都騎機車（開車）代步。

☐ 常吃外食，營養不均衡。

☐ 每天工作需要對著電腦超過3小時以上。

☐ 有失眠問題，睡眠品質差。

☐ 從不吃營養補充品或維他命等。

☐ 心情容易不好，情緒起伏大。

☐ 皮膚有容易過敏的問題。

☐ 經常抽菸、喝酒，應酬多。

結果分析看這裡

● 0～4分

恭喜您喔！

這個分數顯示你的外表與年齡相符，請記得要繼續保持下去，還是不能疏忽肌膚的保養流程，甚至得要更用心保養現在良好的皮膚，才能讓美膚長長久久喔！

● 5～10分

該注意囉！

建議您要開始注重肌膚的保養，要乖乖做好保養的程序，別因為太累而偷懶；另外，平常必須多注意補充水分，讓肌膚充滿保水感和注意濕潤，避免因乾燥而使得肌膚橫生細紋喔！

● 11～15分

黃燈警示！

您是不是已經發現肌膚開始暗沉又有細紋，小心，肌膚只要出現這兩個強大的問題，就是掉入老化問題的開始；還是要注意並加強肌膚的抗老保養，不然很快就會變成別人眼中的「婆婆臉」唷！

● 16～20分

逼逼逼～亮紅燈了！

可憐的您，雖然年紀輕輕，卻已經開始被人叫「大嬸」了吧！不過還是不要氣餒，試著去找到抒發壓力的管道；飲食作息要正常、多喝水，千萬不要熬夜；每天抽出30分鐘，養成運動的習慣；著重使用保濕抗老的保養品，一定要堅持下去，每一個保養流程都不可偷懶；還要記得每天保持愉悅的心情。相信很快就可以恢復青春的容貌囉！

③ 檢視老化程度，選擇適合自己的抗老療程

　　曾有位女士來到我的診所求診，進了診間後只見她愁容滿面，緩緩地說出她最近的困擾：「醫師，上週我去參加久違的同學會，很多朋友都說我老了很多耶！但醫師你知道嗎？其實我以前在班上算得上是班花等級，只是沒想到現在卻被大家笑說『看起來比實際年齡老很多』，這真是叫我情何以堪啊！？」

　　身為一個皮膚科醫師，常會遇到這樣的求診病患，他們其實都是非常在意視覺年齡的一群人，但都缺乏正確的肌膚保養觀念；有些人以為「實際年齡」是無法改變的事實，所以肌膚會隨著歲月流逝而自然創造出「歲月的痕跡——皺紋」，也是無力改變的事實。只是，實際年齡根本算不了什麼，真正說話算數的是「視覺年齡」，而且絕大部分的老化問題都是自己惹出來的禍，除了不良的生活習慣，如作息不規律、飲食習慣不佳外，不正確、不確實的保養方式，也是肌膚加速老化的元兇喔！

　　凡事都要趁早，如果你也陷入「初老」的困境，不妨檢視一下自己的肌膚到底老化到什麼程度，才可以「對症下藥」，快點找到解決問題的方法喔！

　　年輕的肌膚應該是飽水度佳、肌膚紋理細緻，摸起來有ㄉㄨㄞ ㄉㄨㄞ嫩嫩的感覺，一旦發現肌膚已經不再緊緻滑嫩，就是邁入老化的開端，而老化的程度不同，還會出現不同的狀況唷！

老化指數30%──凹凸不平有陰影

　　肌膚年輕的關鍵指標就是擁有豐富的「膠原蛋白」，但隨著年紀增長，膠原蛋白會一點一滴流失，臉部的「膨皮（嬰兒肥）」感就會慢慢消失；尤其從25歲開始，膠原蛋白製造量減緩，使得體內含量大不如前，只要仔細照照鏡子，就會發現臉部已經有某些地方開始凹陷，膚色在光影下也會呈現不均勻的狀態。

You can do it !

　　這時，你必須改變生活及飲食習慣，慢慢調整成無加工、少加料的食材攝取，增加抗氧化的療程；再來，透過酸類或是左旋維生素C課程，可幫忙增生體內的膠原蛋白。

　　傳統上，美容醫學都使用果酸、A酸、左旋維生素C等療程來去角質，刺激纖維母細胞以及膠原蛋白和玻尿酸的生成，所以，只要定期做果酸換膚，就可以擁有美白、縮小毛細孔和去除臉部細紋的效果。

　　此外，每天晚上在臉上塗抹一層薄薄的A酸，除了可幫助角質正常代謝，也有助於皺紋的去除及毛孔縮小；但若要靠此方法將鬆垮、下垂的肌膚變成緊緻又有彈性，仍是有一定的困難度。

老化指數50%──魚尾紋、法令紋

　　等老化已經到這個程度時，彈力蛋白會徹底斷裂，造成臉上的凹痕、皺紋漸漸出現；不管男人女人，只要年屆35歲左右，眼尾細紋和法令紋就會毫不留情的往臉上爬，明顯又「猖狂」的透露出你的真實年齡。

　　此階段由於體內膠原蛋白嚴重流失，臉部的線條輪廓會逐漸往下垮，讓臉部線條漸漸出現位移，使得原本的V字臉變成了U形臉。害怕老態的男女們可要趕緊積極主動出擊，想辦法鎖住肌膚中的膠原蛋白，才可能延續ㄉㄨㄞ ㄉㄨㄞ嫩嫩的肌膚唷！不過，每個人的老化症狀及時程不盡相同，這時可以請專業的醫師幫你仔細評估，以便「對症」擺脫老化的糾纏。

You can do it !

　　膠原蛋白受熱後會使組織收縮，而電波拉皮是利用電波加熱於皮膚深層的原理，因此使用後可立即感受到皮膚變緊緻，而且在治療後的3～6個月，膠原蛋白會持續增生，持續產生提拉塑形的作用。

　　此外，還有「3D聚左旋乳酸」及「舒顏萃」（又稱液態拉皮），這是利用聚左旋乳酸（PLLA）的作用來促進、刺激注射部位的膠原蛋白新生。

　　若是注射在臉部凹陷處（如淚溝、凹陷蘋果肌處等），在注射後3個月內會逐漸感覺到凹陷臉型被改善，體積填充與臉部肌膚緊實等雙向作用。

老化指數80%──膚色不均、褐斑

　　老化到了這個程度，除了會有肌膚皺紋（魚尾紋、法令紋、木偶紋、抬頭紋、眉間紋等類型）、肌膚鬆垮、臉部線條走山、輪廓下垂等問題發生外，女性還要小心荷爾蒙失調，這會使得膚色開始轉為蠟黃、狂長斑點，特別是年屆45歲左右的更年期女性，會更加無情的關閉美麗的泉源（女性荷爾蒙），使得皮膚彈性不再、膚色發黃、又大又深的斑點也開始竄生出來。

You can do it !

　　許多臉上的皺紋都來自於每次大笑、微笑或皺眉等表情牽扯臉部肌肉而產生的紋路，就是所謂的「動態紋」（亦稱為「表情紋」），肉毒桿菌素可以改變臉部肌肉的張力變化，使得動態性皺紋（包含魚尾紋、眉間紋等）獲得顯著改善。

　　注射肉毒桿菌素可放鬆肌肉張力，並以此來消除皮膚皺紋，使過度收縮的小肌肉放鬆，達到除皺的效果。不過臉上的老化動態紋、靜態紋及肌膚鬆弛、輪廓走位等問題有可能一次齊發，為了解決這些問題，醫師通常會建議採用複合式療法，以便能一次解決多重困擾。

　　另外，還可以用玻尿酸來填補凹陷，因為玻尿酸具有保濕效果，注射用的玻尿酸就是經過純化的成分，以「填充」的原理定量注射，注入後會融合體內原有的透明質酸，使皮膚膨脹，帶動皺紋變平又隆起，重現年輕肌膚樣貌。

4 留住青春，撫平歲月的痕跡

　　我曾在門診遇到一位前來諮詢醫學美容的中年婦女，一進門就哭喪著臉說：「醫生，只要有能讓我變年輕的治療方法，無論要花多少錢，我都願意嘗試。」

　　仔細傾聽這位婦人的訴求後，才知道她年近50，已經過了快30年的家庭主婦生活，由於她大學畢業後立即踏入婚姻，隨即開始相夫教子的幸福生活，直到半年前，丈夫突然提出兩人個性不合要求離婚，這時她才驚醒，原來老公在外頭已經有個年輕貌美的小三。

　　霎時間真的有如晴天霹靂，她開始後悔不已，驚覺30年來付出了所有青春成就一個男人，歲月卻無情地在自己臉上留下痕跡。只是傷心之餘，仍然必須堅強面對生活壓力，於是她開始嘗試生平的第一份工作，無奈的是，面試時看著其他應徵者個個都是妙齡童顏的年輕女孩，自己年近半百，完全無法遮掩所呈現的蒼老臉龐，勝負感覺當下已經見分曉。為了增加職場的競爭力，她決定前來接受醫學美容治療，想要快速撫平歲月的痕跡，重新找回青春容顏。

　　其實只要有恆心和毅力，加上專業醫師的治療改變，醫學美容確實可以幫所有想要凍齡的中年人找回青春容顏，更因此能恢復以往的自信光彩。

非侵入性的醫學美容

　　現代人隨著平均壽命的延長，抗老凍齡已是醫學美容的主流，整形拉

皮手術可說是最積極的方式，它的優點是可維持較長的時間及明顯的改變，缺點則是因為手術採「先破壞，再重建」，萬一整形成果並非原本所預期，就會沒有反悔的餘地，有些人則在意拉皮後可能產生不自然的美感，為了避免這些情形，「非侵入性的醫學美容」方式開始廣被希望回春的中年男女喜歡，並受到重視。

非侵入性、非破壞性的醫學美容，不用開刀、不會流血，每次施行治療所需的時間短暫，而且術後不易被人察覺，皮膚也不會留下傷口，雖偶有短暫輕微泛紅的現象，但不需有術後復原期，因此不需請假在家休養，可以正常作息、上班、休閒，術後照顧也相當簡單，可以立即上妝，只是要注意加強肌膚的保濕及防曬，因整個療程簡單方便，因此可將之稱為「午休的美容大餐」。

而所謂「非侵入性的醫學美容」抗老祕方，大致上可分為「暫時、立即性醫學美容治療」及「延續、非立即性醫學美容治療」兩大類，說明如下：

一、暫時、立即性醫學美容治療

指直接注射後即可看見成效，若效果消失則要再行施打的治療方式，治療效果一般能維持6～9個月不等。常見治療類型包括：肉毒桿菌素注射除皺美容、玻尿酸注射除皺美容等。

1.肉毒桿菌素注射除皺美容

肉毒桿菌素的主要功效在於消除臉上的動態表情紋，防止靜態年齡紋惡化，包括魚尾紋、眼角細紋、皺眉紋、抬頭紋等，作用機轉則是藉著抑制乙醯膽鹼在神經末稍的釋放，進而達到肌肉放鬆、撫平皺紋的目的。

此法治療時間僅需數分鐘，既快速又安全，倘若治療後效果不滿意，因其具有可逆性，在日後會逐漸恢復原狀。一般施打一次可維持6個月左右，效期過後就會漸漸恢復。肉毒桿菌素除了有消除皺紋的抗老神奇效果外，還可以用來改善國字臉、淡化肌肉性眼袋、修正八字眉、嘴角下垂等具有「免動刀，卻看似經過微整形」的效果，因此深受一般民眾、名媛及明星藝人的鍾愛。

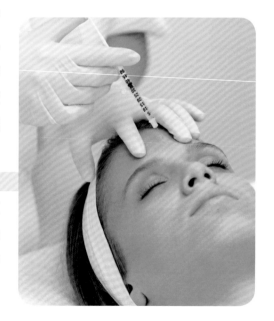

2.玻尿酸注射除皺美容

玻尿酸注射的主要功效是在於消除臉上的靜態年齡紋，包括法令紋、抬頭紋、眉間紋、魚尾紋等。皮膚因為日

曬、老化而產生的皺紋及鬆弛，主要就是因為真皮層玻尿酸、膠原蛋白的變性流失所造成，而玻尿酸是皮膚真皮基質中所含的一種多醣體，具有極佳的保水吸水效果，因此玻尿酸注射除皺美容的作用機轉就是利用它作為皮下注射的填充物，以填補凹洞及皺紋。

玻尿酸為身體可吸收性物質，注射後效果約可維持6～9個月不等，效期過後必須再重複施打，無法維持長久效果。這個特性看似是一大缺點，但其實也是優點，倘若對於施打後的效果不滿意，過一陣子就會恢復原來的樣子，不會留下任何不可逆的遺憾。而除了用於除皺，玻尿酸亦可用來豐唇、豐頰及墊高鼻樑等，是微整形醫學美容的一大利器。

二、延續、非立即性醫學美容治療

這類治療方式須經過一段時間後才能看到明顯效果，但過程簡單，治療所需時間短暫，也不會留下傷口，不需有術後復原期，可保持每天的正常作息，不易被他人察覺。常見的治療類型包括：脈衝光、電波拉皮、5D逆齡拉提術等。

1.脈衝光

脈衝光曾經因為效果好而聲名大噪，可說是抗老錦囊中的一大妙計。脈衝光有許多適應症，包括：去除雀斑、淡化疤痕、除毛，或因老化造成的微細血管擴張、臉部潮紅、曬斑、老人斑、皺紋、鬆弛或毛孔粗大等皮膚問題。

脈衝光不同於雷射，傳統的雷射是單一波長的光線，可以選擇性地破壞不同的標的，如黑色素、血管、毛囊等，因此要處理不一樣的老化問題，需要選用不同的機器。而脈衝光是一個連續光譜的光源，其中較短波

長的光線可用來淡化斑點及收縮微細血管，而較長波長的光線可刺激真皮層內膠原蛋白及彈性纖維蛋白再生，以改善皺紋、縮小毛孔、恢復皮膚彈性，因此對於所有臉部皮膚的老化問題，只需使用一種機器，即可做到整體性的改善。

　　脈衝光逆齡術施作次數依消費者的肌膚年齡而定，一般需要進行4～6次不等的療程，每次治療間隔時間約3～4週，才能達到最好的效果。

2.電波拉皮

　　電波拉皮拜現代藝人現身說法的加持，無疑已達到最好的宣傳效果，而成為現今醫學美容的當紅炸子雞，為抗老的最新治療技術，而此項目不同於上述所提的美容治療法，目前只運用在局部的皺紋、鬆弛等問題改善。

　　電波拉皮的優點是能夠不開刀，也不必全身麻醉，就可全面改善皮膚鬆垮的現象，達到拉皮與緊緻肌膚的雙重效果。其作用機轉主要是將高頻電波導入到皮膚的真皮層，以刺激肌膚深層的膠原蛋白再度活躍起來，使鬆弛的皮膚達到緊緻的效果。大部分人經過一次的治療後，約1～6個月後就能逐漸看到效果，還有些人能更快就感受到治療的成果。

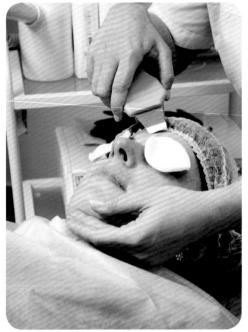

電波拉皮雖然無法產生立竿見影的治療效果，但不動刀、不流血、無傷口以及沒有繁瑣術後照顧問題等優點，實現了許多人不開刀就可以拉皮抗老的願望。

電波拉皮除了有全臉皮膚緊實拉提的效果，還可改善所有臉部老化的表徵，在局部方面可使眼皮上提0.2公分，進而恢復原有的雙眼皮，讓眼睛變得大又有神，眉毛可從八字眉變成柳葉眉，還可淡化法令紋，讓下垂的臉頰上提，讓臉型更緊緻立體。

而除了改善臉部鬆垮的問題，電波拉皮對於妊娠紋、肥胖紋、上臂蝴蝶袖、胸部下垂、臀部下垂等皮膚鬆弛狀況，亦能發揮肌膚緊實的效果，使皮膚變得緊緻、上提，體態更顯年輕。

3.5D逆齡拉提術

以支撐建構學為概念的「5D逆齡拉提術」，是透過微小的針孔，先以高科技醫療用生物性線體支撐鬆垮肌膚，再刺激真皮層膠原蛋白增生機制，拉長凍齡效果，使臉部肌膚與輪廓更顯細膩緊緻。由於它的抗老效果顯著，且又低痛感、低創傷，預料在未來將成為醫美抗老界的美麗新寵兒。

一般情況下，年輕容貌不可能永駐常在，會隨著時間一點一滴流逝，而肌膚的老化從初老症狀，如毛孔粗大、肌膚乾燥、黯沉無光開始，再來，隨著皮層組織內的膠原蛋白漸漸流失，膚質開始失去彈性，眼周、嘴周細紋漸漸明顯，若情況較為嚴重，還會出現淚溝、額頭、夫妻宮、雙頰等處的凹陷問題，最後整臉輪廓產生鬆弛、下垂等嚴重老化現象。

先進的5D逆齡拉提術，除了強調醫師的專業與豐富經驗之外，其特殊的微創注射拉皮法，突破傳統拉皮需透過一道傷口才能緊緻臉部輪廓的

原理，它採用微整型注射技術，視不同的手術部位將外科用的PDO縫線（Polydioxanone），透過針孔打入皮下組織或筋膜層，對鬆垮的肌膚達到立即性的支撐效果。注入後約6～8個月可被人體吸收的PDO線體，開始對肌膚產生刺激，讓膠原蛋白與纖維母細胞漸漸增生，由內而外讓肌膚更加飽滿光滑，達到整臉輪廓上提緊緻的效果。

　　此外，5D逆齡拉提術的優點還包括低痛感、低創傷、恢復期短且術後保養容易。有別於傳統的侵入式拉皮，5D逆齡拉提術不用動刀，僅需在施針部位使用局部麻醉藥膏便可減輕痛感，而術後傷口僅有針孔大小，除了要留意2～3天內避免碰水，1～2週內可能有輕微腫脹和瘀青（這個問題可透過冰敷來改善），再依個人膚質搭配一般保養即可。對於想立刻看到效果，又怕影響日常生活的愛美男女們來說，5D逆齡拉提術是在傳統治療方式之外，一個最新、最吸引人的抗老選擇！

Chapter

2

肌膚老化的時光列車
——不可少的抗老療程

　　攝取天然新鮮蔬果對人體健康非常重要，因為攝取均衡且多樣的各類植物性食物，不僅能讓我們獲得豐富的蛋白質、酵素、纖維質、維生素與礦物質，同時也能讓我們有效利用植物中的特殊成分，來幫助身體達到預防與改善疾病的目的。

　　近年來，關於植物中化學物質代謝與生理機轉的分析與研究，已成為現代營養科學一項熱門的課題，西方諺語所說的：「一天一蘋果，醫生遠離我」，若是執行透徹，那麼這句話就真的所言不假。

均衡飲食是防衰老的關鍵

多數人對攝取蔬果對身體的保健功效的了解僅侷限於維生素、礦物質及纖維素這些成分，而對於「植化素」這個名詞一直很陌生。其實，不同顏色的蔬果含有不同種類的植化素，可以提供人體不同的營養價值與生理保健功效，而這也就是強調「彩虹飲食」多樣化營養素觀念的重要原因之一。

「彩虹飲食」能全面補充天然抗氧化劑——植化素

植化素（Phytochemicals）又稱為植物化學物質或植物化合物，是指天然存在於植物中的一些化合物；植物產生這類化學物質原本是作為自我防禦的功能，這些物質並非人體維持生存所必需的營養素，但近年的相關研究卻發現，這些特殊成分能夠幫助人類提升生理機能或預防、改善特定的疾病。

植化素由於是形成植物色彩的主要成分，因此在色彩鮮豔的蔬菜和水果中含量特別豐富。常見的植化素包括β-胡蘿蔔素（β-carotene）、番茄紅素（lycopene）、花青素（anthocyanins）等。據估計，已知的植化素有數千種之多，它們在人體健康促進上扮演著免疫調節、抗突變、抗腫瘤、抗氧化、抗發炎、抗菌等各種重要功能。

人體在新陳代謝過程中及受外在環境影響時會不斷產生自由基，過剩的自由基會和人體內許多重要的成分，如蛋白質、核酸、醣類或脂肪等進行反應，而產生一連串的人體氧化傷害，進而導致各種生理機能的衰退及

疾病的產生。由於大部分的植化素都是天然的抗氧化劑，並且能夠保護細胞避免氧化傷害，因此人類在日常飲食中攝取植化素能夠保護身體，降低心血管疾病與癌症的發生率。

② 養成美麗的正確習慣

　　女人可說是把抗老防衰當成終身事業，但歲月的痕跡總是抵不過時間的流逝，在年屆25歲的時候，皮膚就開始進入衰老期，皺紋、色斑、皮膚鬆弛等現象逐漸出現，因此，抗衰老工程這時就應該正式啟動。

　　儘管如此，美麗的容顏仍抵不過時間的摧殘，一旦到了30歲，皮膚乾燥、鬆弛等老化問題接踵而來，且以眼周肌膚最為脆弱，隨著年齡增長，會讓體內膠原蛋白迅速流失，肌膚纖維細胞開始老化，再加上生活壓力、營養不均衡、外界環境汙染、地心引力等因素影響，使得皺紋逐漸顯現。

　　殊不知，肌膚問題會一一顯現出來，除了上述提及的各個原因，有時我們自身不良的小習慣，也是加速肌膚老化的

殺手唷。只有從生活中養成美麗的正確習慣,才能趕跑肌膚問題,讓你青春常在。以下是四個最易顯老的「衰老殺手」,防衰老,就從這四個部位開始!

衰老殺手1:法令紋

法令紋是指鼻翼邊延伸向下的兩條紋理,而肌膚老化鬆弛和表情過於豐富,造成肌膚表面凹陷,是法令紋形成的兩大原因。臉上明顯的法令紋,常常讓自己看起來較為嚴肅、老態、沒有親切感,讓人有種難以親近的感覺,運用臉部按摩或經常做將兩頰鼓起,接著讓舌頭在口內兩頰之間來回這個動作,有助消除法令紋。

衰老殺手2:眼袋

眼袋和皺紋都是讓人看起來老態的明顯標誌,惱人的眼袋出現的年齡因人而異,大部分發生在45歲左右。此外,眼袋對容貌會有較大的影響,主要表現為下眼瞼下垂,使臉部失去均衡與協調,造成一種歷經滄桑的老態感。

日常飲食中經常咀嚼胡蘿蔔、芹菜抑或口香糖等,有利於改善臉部肌膚,平時也可多

食用富含膠質、優質蛋白、動物肝臟及番茄等食物。另外，臨睡前吃得過鹹、睡覺的枕頭太低，或是飲用了大量的水，都會形成眼袋，要注意盡量避免。

衰老殺手3：抬頭紋

額頭的抬頭紋一般都是天生的，多為橫紋，後天因素比較少，它是歲月給人們在臉上留下的痕跡，是衰老的標誌之一；要避免加深及形成抬頭紋，要盡量讓臉部肌肉保持放鬆。

衰老殺手4：頸紋

頸部的衰老更是在不知不覺中發生，由於頸部皮膚比臉部更容易鬆弛，便提前產生了皺紋，且頸部膚色比臉部顏色深，更容易有贅肉堆積而顯得臃腫、不雅觀；嚴格的講，頸部不算是臉上的部位，但頸部的衰老卻會透露你的年齡指數，不能不加以注意。要防止頸紋產生，要避免枕頭高度過高、不要經常性側一邊睡，還要避免長時間低頭使用電腦、3C產品等；另外，忽胖忽瘦也是導致頸紋產生的重要原因之一喔！

③ 逆向操作，節食也可以抗老

　　現代人飲食過於精緻，偶爾嘗試節食的確可以幫助身體進行排毒，維持青春活力與美麗。節食可以每週利用兩天的時間來進行，較好的方式就是這兩天攝取650大卡，只能進食牛奶、優格、水果、蔬菜以及無限量的低熱量飲料，像是開水、茶、黑咖啡等。經驗證，實施兩日節食法的節食者在三個月後有45％的人體重成功減少了5％，平均來說，遵循這套飲食方法的節食者在持續六個月之後，可以減掉約7.7公斤的體重，其中有6公斤是脂肪。

　　其實，「兩日節食法」的概念就是間歇性節食法，可以用來維持體重，而有些減重成功的兩日節食法節食者後來改為每週僅節食一天，在15個月的研究期間，他們仍維持已經減掉的體重，而且保有之前已經出現的健康效益，最重要的是，因為節食而下降的胰島素和膽固醇，也能一直維持在低水準的健康狀態。

節食飲食法的飲食內容

　　要進行兩日節食法，你可以請合格的營養師提供明確的指引，告訴你在這兩天節食的日子裡可以吃什麼，像是要吃高蛋白、單元不飽和脂肪（如堅果類）以及蔬菜水果等，這些食物可滿足你的口腹之慾，並降低飢

餓感。此外，兩日節食法特意採低碳水化合物飲食，少吃碳水化合物會讓人覺得餓，但有飽足感，比較不會讓人暴飲暴食。

食譜的設計還要維持熱量夠低，但又不感覺太過飢餓，因為在節食期間，營養均衡才能滿足身體所需的維生素、礦物質和蛋白質，以應付一般人忙碌生活所需的動能。

更新飲食習慣，保有美麗狀態

節食之所以會很辛苦，原因在於節食代表你要打破自己固有的飲食習慣，這些習慣包括經常吃下多於必要的食物、吃下太大的份量、吃下太多的脂肪或糖分、或習慣吃零食等不良飲食行為。

節食飲食法可以幫助你改變飲食習慣，並且實際上整體減少至少四分之一的熱量，並且少攝食高糖分與飽和脂肪，雖然知易行難，但每週進行一次兩日節食法，也就是中斷一般的飲食習慣，這是非常需要的，這樣做能幫助自己培養自覺和警覺感，相對更清楚自己吃了什麼，也可說是利用節食來當作一個重要技巧，導引自己開始掌控飲食內容，進而控制體重和進行體內環保，讓你由內而外散發美麗光彩。

良好節食法減去的是脂肪而非肌肉

好的節食法著重減去脂肪並保住肌肉，因為肌肉不僅能讓你看起來更亮眼，亦是人體燃燒熱量維持活動機能的關鍵；當肌肉處在休息狀態，其燃燒的熱量也比脂肪多7倍。遵循每週二日節食方法的人，可以減掉的脂肪比每週進行七日節食的人還要高呢！

應該這麼說，每日節食者減下來的體重當中有70％是脂肪，而採用兩日節食法的人則可減去高達80％的脂肪。如果你確實執行兩日節食法，你仍能保有活力，而這可幫助你減掉更多脂肪，阻止流失太多的肌肉。

每日節食者的減重速度之所以在一段時間之後會慢下來，原因之一就是節食時新陳代謝率會跟著下降，而且隨著體重減輕，相對也會減掉更

多肌肉；而兩日節食法有助於減掉脂肪，並儘量減少肌肉流失，因此有助於阻止新陳代謝率下降。

此外，兩日節食法有助於維持新陳代謝率（指的是身體燃燒熱量的速率），通常是受到以下三項因素的影響：

1.**體重**：體重越重，新陳代謝率就越高，因為身體需要更多熱量才能維持機能。

2.**活動程度**：活動量大的人新陳代謝率較高，因為活動時可燃燒較多

熱量。

3.**擁有的肌肉量**：擁有越多肌肉，新陳代謝率就越高，因為肌肉燃燒熱量的速率是脂肪的7倍。

4 多喝水，好處多

水分占人體總量的70%左右，體內所有化學反應都是在水這個介質中進行，身體的消化功能、內分泌功能都需要水；另外，飲水充足可潤滑身體關節以避免損傷，還可避免腸胃功能紊亂，若飲水不足則可能導致便秘等問題。

就像人們須經常洗澡以洗刷體外的汙垢一樣，人們日常也要多喝水，藉以把體內的毒性物質沖刷出來；也就是說，水是調節體脂的重要介質，並能代謝食物中的毒性物質。

隨時補充水分，是維持健康的基本秘方；最新研究顯示，每人每天至少須喝11杯水，除了可加速代謝，還能提高身體的免疫力。

水應該怎麼喝？

根據國家科學院最新研究報告指出，19～30歲女性平均一天要喝11杯水才足夠，而同齡男性甚至須補充15杯水；在

補充的液體中，一半可來自白開水，另一半則可來自飲食，如牛奶、新鮮果汁、湯品等。至於不愛喝水的人，可多吃西瓜或小黃瓜等幾乎是由水分構成的蔬果，只是雖然許多天然食品皆含有水分，仍建議多喝開水或礦泉水，才是攝取水分的最佳來源，因為水沒有熱量也最自然，且水對許多疾病都有預防效果。

值得提醒的是，別等到口渴了才喝水；若有頭痛、容易疲倦、口乾舌燥、注意力不集中等情況時，別忘了喝一杯250cc的開水，可立刻舒緩這些症狀。

喝水幫助降低血脂

喝水對維持健康非常重要，但記得不要以市面上琳瑯滿目的含糖飲料、汽水取代水分的攝取，否則對健康恐怕會造成傷害。那麼喝水的優點有哪些呢？

足夠的水分可以讓血液系統順暢，血液是一種紅色黏稠的液體，在血管內日夜不停的流動，成為人體生命的泉源，使體內細胞不斷更新以維持各器官的功能，人才能充滿活力。保持血液運輸系統的健康穩定，首先要保證充足的飲水，以便加快血液代謝，使有毒物質盡快排出體外，且讓血液保持良好的流動性。

當血脂過高、血液過於黏稠時，會引起血液質量的改變，進而產生疾病。因此，平時注意水分的補充，特別是飲用一些有益健康的茶水，對降低血脂和改善血液在微小血管中的流動，有很明顯的良性作用。

喝水避免虛胖

　　有許多人因為怕胖而拒絕喝水，但美國肥胖專科醫師指出：「攝入適量的水才是減輕體重的關鍵。如果想減輕體重，又不肯喝足夠的水，身體的脂肪便不能進行代謝，結果反而使體重增加。」

　　此外，多喝水也有助於減少水分滯留在體內，尤其許多人有眼圈下浮腫、身體虛胖的情形，除非是罹患腎臟相關疾病，要減少水分滯留在體內並非限制飲水，而是要多喝水；因為愈是少喝水，身體儲存的水就會愈多，因為身體有個非常靈巧的機制，當發現缺少什麼物質的時候，它就會儲存什麼。所以，當攝入的水量入不敷出時，代償機制作用起來就會在體內滯留更多水分，出現水腫的情形。

保健食品怎麼吃才健康？

根據統計，台灣市面上的保健食品超過2000種，可見大家都非常願意投資自己的健康，但你吃對健康食品了嗎？你知道使用保健食品的正確知識有哪些嗎？

吸收快的保健食品≠保健效果最好

市面上常見的保健食品型態包括硬膠囊、軟膠囊和錠劑，少數為粉狀或液體，所有劑型在被人體吸收前，必須先溶於胃液呈現溶液狀，因此，吸收速度由快到慢的劑型為：液態劑型→粉狀型→硬膠囊和軟膠囊→錠狀劑型。不同營養成份和不同劑型的保健食品，在人體中的吸收條件、作用於器官的部位與時機都不相同，只有吃對時間及劑量才能發揮最佳保健效果。

保健食品的作用在於預防疾病，需要長期恆心的使用，吸收速度並非最重要，能成功完全吸收才是關鍵。

膠囊或錠狀保健食品需配開水服用

無論使用何種劑型的保健食品都要大量飲水，尤其是服用膠囊及錠狀劑型，一定要喝足量的水份，讓其中的保健成份可以充分有效的被吸收，並可避免膠囊提早軟化黏在食道，造成腸胃不適。

盡量不要自行咬碎錠劑食用

錠劑的膜衣同樣具有阻隔主要成份和食道黏膜直接接觸的功能，有些錠劑的膜衣具有長效釋放或腸溶功能（避免刺激胃壁，或預防功效遭胃酸破壞），一旦咬碎就代表其特殊效果不復存在。因此，除非保健食品有註明是「嚼錠」，否則錠狀食品都不應該先咬碎再吞食。

各類保健食品建議服用時間

● 綜合維他命、軟膠囊：餐後服用。

● 含B群較高的產品：勿在晚上服用，以免影響睡眠，但夜貓族可在下午食用來提振精神以支撐到深夜。

● 草本類補充品：餐前空腹，此時攝取吸收效果最好。

● 維持消化道機能的益生菌：建議睡前食用，有助早上排便，另有最新研究發現，睡前食用可提昇睡眠品質。

逆齡拉提術——多元活膚緊實達人

 防曬做得好，肌膚永不老

　　紫外線無所不在，不管晴雨、室內或戶外，若沒做好防曬，皮膚就會受到傷害；尤其當時序進入夏季時，保養更是不可少，外出務必做好萬全的防護。陰天的紫外線量有晴天時的五、六成之多，即使是雨天也有三成，尤其當陽光沒有強烈到感覺會「咬人」時，更容易因長時間暴露在戶外，以致受到慢性傷害而不自覺。

　　可怕的還不只是這樣，常去的飯店、餐廳、巷弄小店或是展覽館，總愛使用可以加強氣氛和美感的鹵素燈，這類燈光含有很強大的紫外線，不知不覺中，紫外線的傷害就悄悄上身。

　　既然不管逃到哪裡都躲不過紫外線的暗算，就讓我們好好地來了解它，並且勤做防護，如此才能有效延緩歲月在臉上烙印的痕跡唷！

評估紫外線等級

　　紫外線存在於大自然中，雖看不到、摸不著，卻是皮膚的隱形殺手，其波長由短而長可分成UVC、UVB、UVA，不同波長的紫外線會對人體造成不一樣的傷害。

　　A光長波：占地球上紫外線的95％，具有很強的穿透性，可透過玻璃進入室內，也會直達皮膚真皮層，加速皮膚老化、鬆弛、皺紋等長期的損傷。

　　B光中波：會引起皮膚乾燥、發痛、變紅、暗沉或是角質層增厚，傷害性次於A光長波，但易造成曬傷。

C光短波：雖是傷害性最大，但幸運的是因為大部分都被臭氧層所吸收，到達地面僅有少量，對人類比較不具威脅性。

了解紫外線的特性後，往後出門前先看看氣象報告，依照預報的紫外線指數等級來判斷該做什麼樣的防曬措施。紫外線指數從0～15，分成5個等級，分別是：微量級、低量級、中量級、過量級以及最具傷害性的危險級。

微量級、低量級：只要做好戴帽子、擦防曬乳的基本防曬措施即可。

中量級：在戶外曝露超過30分鐘就會曬傷，除了帽子和防曬乳外，外加薄長袖上衣和陽傘為佳，陽傘顏色以褐色或深褐色的防曬效果最佳。

過量級、危險級：在戶外曝露15～20分鐘就有可能會曬傷，尤其台灣進入5月份之後，紫外線指數高達11的危險級天數幾乎佔一半以上的時間，一直持續到8、9月份之後才開始減緩。在這段期間內，外出前記得要做好全配備的防曬措施，非不得已，不要直接在烈日下活動。

防曬乳SPF、PA含量

　　既然紫外線無所不在，防曬乳的選用就顯得格外重要，尤其因為它是塗抹在皮膚上的商品，直接接觸到身體的東西就必須更加謹慎。

　　許多人通常都不只準備一種防曬用品，要如何區隔使用這些防曬品，才能達到最佳的防曬效果？首先要依場合、依膚質，選擇適當自己的防曬乳液，例如要前往高山、雪地、海邊等紫外線較強的地方，或是參與日正當中的戶外活動時，必須選用防曬係數SPF 50以上的防曬乳；另外，從事水上活動時要注意選擇有防水功能，室內活動則選用SPF約在30～50就會有成效。因為SPF愈高，防曬乳就愈油膩，因此除非必要，不必使用SPF太高的防曬乳，而塗抹時別太節省，應該從頭到腳每一處都細細的擦拭，最好塗到有點厚度（至少要3層以上），以免防曬力不足；而臉部肌膚容易長痘痘的人，則可選用凝膠狀或較清爽的防曬乳，以免妨礙肌膚呼吸。

　　其次要注意防護標示。大家熟悉的SPF其實只能過濾掉B光中波，防不了最可怕的A光長波；因此，可參考防曬乳的瓶身說明處，建議選擇同時標示有PA值的商品，PA＋越多，就表示對A光的防護力愈高。

弱酸性防曬乳是最佳選擇

　　人體皮膚表層的酸鹼值介於pH 4.5～6，呈弱酸性，可防止細菌寄生，保護皮膚；pH值7為中性，指數愈小則酸性愈強，皮膚組織層有不同的pH值，愈到外層愈酸。因此，選用弱酸性防曬乳對一般人來說是較佳的選擇。

何時該擦防曬乳？

一般說來，出門前30分鐘就要做好防護。另外，要游泳或容易流很多汗的人，要使用有防水功能的防曬用品，若擦了沒有防水功能的防曬乳，下了水或出了汗，防曬乳很容易就會跟著流失掉，但就算使用了有防水功能的防曬乳，仍需40～80分鐘再補充一次；若是在冷氣房內，不流汗也不玩水，則只要間隔4小時補充就行；在戶外流汗不玩水，則1～2小時補充一次即可。

至於擦防曬乳的時機，則可視狀況而定，如果是上班族，趕著一大早進公司打卡，連吃早餐的時間都挪不出來，更遑論是在出門前做好防曬工作，此時便可利用搭乘交通工具的時間來做防護喔。

Chapter 3

美麗從擁有健康的
身心靈開始

美麗不只是外在，必須從身心靈調養起，才能由裡到外散發自信的光彩；人一旦自信了，舉手投足就充滿迷人的風采。

1 充滿自信，你就是最棒的人！

「自信」其實就是指對自己個性的一種積極評價，它是一種解決問題的能力，也是心理健康的指標；自信是成為一位領導者的重要關鍵特質，包括自尊心、榮譽感。擁有自我風格和對自己有想法的人，大多可以建立出屬於自我的信心，也可以較遊刃有餘地具備生活與壓力出現時的勇氣。

擁有樂觀性格

多數人總認為負面情緒來自遺傳或環境因素的影響，因此深陷其中，並出現無力改善的感受，事實上，只要多學習使用後天的轉念來改變想法，也就是只要自己願意，就能從中獲得正向的力量。

遇事不以生氣來回應，遇到挫折時能以人生的視野看事情。樂觀的轉念就是不要讓自己變成群眾中的孤鳥，甚至因活在群體裡有被排擠的痛苦。要知道，我們最大的敵人是自己，一旦做到能和自己競爭，不是與別人爭，便可豁然開朗。

增加生活的勇氣

人生的視野要很寬敞，就算經歷過一段時間的挫折，也不代表地球會因此停止運轉，以前斤斤計較的那些事情，現在長大回頭一看，則困惑為何當初痛苦至極？

轉變想法後，看待很多事情都變得更為淡泊與釋然，畢竟人生就像一台戲，有開心也有傷感，有歡笑也有眼淚，有成功當然也有挫折，而且是一次又一次的挫折才帶來成功。人生擁有太多的起起伏伏，充滿無常，只要把目光擺在當下，煩惱就會自然流洩而去。

2 音樂的力量

柏拉圖在《理想國》一書中說：「20歲以前的人只要做音樂和運動兩種功課就夠了，因為這兩種是心和身的教育。」音樂對人的感動超越政治、宗教、種族，當聽聞感人的旋律時，每個人都會流下眼淚、同樣會心有戚戚焉，從中獲得撫慰人心的感人力量。

常說，「愛音樂的孩子不會變壞」，就是因為音樂可以陶冶性情，使人的個性變得更加溫和有禮。透過音樂的薰陶，很多時候也會撫平心中的

躁動和不安。所以，愛音樂和喜歡音樂的人，可以透過音樂來發洩自己的情緒和憤怒，相對也能得到安定的力量。

留點時間給自己

生活除了工作還有休閒，有人說「休息是為了走更長遠的路」，所以工作的壓力可以使人成長，相對的也要透過休閒來平衡，才能讓人獲得向前走的能量。所以，工作固然重要，但生活也是需要調劑的，偶爾可以放慢自己的步伐，給自己一點獨處時光。別小看這點時間，若能從中梳理自己，便能獲得更大的力量。

用大自然洗滌身心靈

有得必有失，只有懂得放開雙手，才可以空出手去接收真正屬於自己的一切。人要積極向上，不要浪費有限的生命，但名利則需要看淡，不要自尋煩惱。

一個人的生活若有10分，應3分給曇花一現的炫麗，3分拋於九霄雲外，3分求功成名就，1分則來做做白日夢。記得多留點時間給自己，保持一顆良好的心態，才能在生命的道路上繼續前進。有智慧的人都不會太計較，也不會讓自己的慾望無限擴張，別讓慾望矇蔽雙眼或是左右了自己的人生，那就太不值得了。

旅行的意義

當心靈已經被疲勞的生活擠壓變形，那正是心靈需要深呼吸的時刻，這時不妨安排一場旅行，用心去發現旅途中的每個驚喜，重拾生命的美好。

旅行時不去思考任何繁瑣事情，看到美麗的風景也不必思考該用什麼修辭去描述，或如何將之翻譯成英文，只要記得掏空自己的心與當地風景相互融合，用心感受它的美，並成為它的一部分。

在旅行極度放鬆的氛圍中，美麗單純的事物會不斷吸引毫無防備的心，沒有現實的壓力與利益的考量，心就會乘著翅膀翱翔，尋找最真實的自己。

運動的重要性

現今大多數都市人平均每星期的運動量都少於一個小時，這是非常不足夠的，嚴重忽略了運動對人體健康的重要。

體能每況愈下皆是缺乏運動所賜，很多人患上退化性疾病，都是跟缺乏運動有關。相反地，一部份人則是因為運動量太大或運動的方法不正確，導致身體機能出現早衰現象或退化性病變，這說明不注重運動或過度運動（而弄傷了筋骨）都是不適宜的，所以應先瞭解運動的正面和負面影響，規劃適量運動，才是正確的做法。

用運動造就健康的重要觀念已經越來越普及，建議無論男女每日都應該最少運動30分鐘，此外還可以多參加相關的健康講座，並定時進行身體健康檢查等，務求以行動實踐健康。

人體的筋骨關節主要的功能就是支援活動，如果缺乏運動，關節的活動能力就會大減而且容易退化；再者，恆常運動能讓肌肉有更多機會發揮其效能，運動還能加快血液循環，間接造福身體的每一個器官，平常不大有血液供應的器官，也可以藉著運動促進血液循環。

運動對身體器官好

運動後得益最大的還有心肺器官，所以鍛煉得越多，則心肺功能就會愈好；因為心臟需透過不斷的運動來強化，所以平時若沒讓心臟有多些活動的機會，心臟的功能肯定會受到影響，患上有關心臟（如冠心病、動脈硬化等）疾病的機率，也比平時有運動的人高，所以運動是增加肺功能的最好方法。

由於我們全身所需的氧氣都是由肺部供給的，如果平時不加強運動，肺活量便無法提高。相反地，若擁有強化的心肺量，做運動時血液帶氧到活

動肌肉之細胞的速度便會更加快速，從而讓人體在短時間內得到充足能量去應付劇烈的工作而不感到吃力。

運動除了對體內的器官及循環系統有好處之外，也會讓人看起來精力充沛。另外，身處於分秒必爭的都市環境中，人們無論在工作、人際、家庭各方面，肯定會遇到不同的問題和壓力，而運動就是消除精神壓力的方法之一。有足夠的運動不但能提高身體的整體機能，加強抵抗力，更能讓人們透過運動將壓力宣洩出來，從而使精神緊繃得到舒緩。

由此可知，平時有足夠運動的人其新陳代謝率相對比缺乏運動者好，當這兩類人同時面對相同的精神壓力時，有運動習慣的人必能更輕易地應付。

6 養成良好的生活習慣

良好的生活習慣像是：多喝水、養成規律正常的飲食習慣、多做臉部放鬆運動（如閉上眼睛靜坐冥想，將注意力放在下巴上）、外出必擦防曬用品、鍛煉身體及以室內有氧運動取代戶外運動等，若不注意小細節，都有可能釀成大問題。

對於肌膚保養來說，預防抬頭紋可由日常小動作開始改變，像是從洗臉方式開始注意。每次洗臉時要將額頭部分豎向揉搓，眼睛周圍要從內向外打圈一直到眼角，鼻子兩側要豎向揉搓，臉蛋從中間到耳朵下面，及嘴巴周圍都是橫向揉搓。

額部皺紋稱為抬頭紋，抬頭紋的產生與臉部表情有很大的關係，在豐

富的臉部表情中，若經常性將雙眉揚起，常此以往就會降低和損傷額部肌肉的恢復能力，皮下纖維組織的彈性也會逐漸降低，額部皮膚因為慣性動作而留下痕跡，次數多了便成為頑固的皺紋。

當出現抬頭紋時，可以選擇抗皺產品來攻克它，若抗皺產品的成分中注明含膠原蛋白生成激活成分，就是不錯的選擇，或是每周在前額使用有緊緻功效的面膜，亦是打造美額的重要步驟。

選擇對的產品，搭配好的手法

選擇好的產品並配合適當手法，保養時就能達到事半功倍的療效。當使用額頭護膚品時，應用手橫向拉、按，不要以為抬頭紋是橫向的，就要縱向按摩，那樣只會讓皮膚紋路變得更深。此外，用毛巾將髮際以上頭髮綁緊，使額頭皮膚緊繃，在使用精華露或晚霜時，加入按摩法可加速吸收。

正確的按摩手法是：用雙手中指和無名指指腹，從眉弓向上輕撫，或從額中以打圈的方式滑向左右，然後輕壓太陽穴2分鐘左右。如此堅持每天早晚各一次，抬頭紋就會減輕，甚至消失囉！

保養成分要選對

人的皮膚由表皮、真皮和皮下組織組成，影響皮膚外觀的主要是真皮，真皮由富有彈性的纖維構成，而構成彈性纖維最重要的物質是軟骨素硫酸。人們飲食中如果缺乏軟骨素硫酸，皮膚就會失去彈性並出現皺紋。因此，只要多吃含軟骨素豐富的食物，就可以幫助消除皺紋，使皮膚保持細膩並增加彈性，而軟骨素主要存在於雞皮、魚翅、鮭魚頭部等軟骨內。

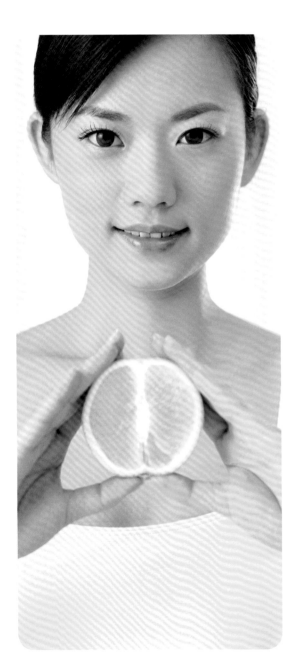

而核酸這個成分是一種生命信息物質，它不僅在蛋白質生物合成中起著重要作用，而且影響到身體其他各類代謝方式和代謝速度。它是一種保持青春的好物質，能延緩衰老又能健膚美容，經科學驗證，女性每天服用核酸，四周後臉部皺紋大部分消失，粗糙皮膚變得光滑細膩，老年斑也逐漸減少。而含核酸豐富的食物如魚、蝦、動物肝臟、酵母、蘑菇、木耳、花粉等。

新一代微整型正流行

皺紋剋星，微整型的基礎療程
——電波拉皮

對抗肌膚老化如同一場長期抗戰，而現今醫療水準提升，許多肌膚問題可借助微整型解決，醫療診所可依不同年齡與需求，採取不同方式，以最經濟有效的療程幫您輕鬆撫平歲月痕跡。

由於許多女生只注意肌膚白不白，卻忽視了臉部線條緊不緊緻的問題，但別忘了，要擁有一張年輕的臉龐，「緊緻度」其實才是最重要的。

當醫師告訴你需要以「電波拉皮」來維持住你臉部肌膚的緊緻度時，大多數女生都會倒退三步後回答：「醫師，沒搞錯吧，我才快30歲就需要拉皮了嗎？等我過了50歲之後才有需要吧！？」其實現代人的工作壓力大、飲食作息不正常、生活在充滿危險紫外線的環境之下，出現提早老化與鬆弛的問題已屬常見。

因此，想要HOLD住青春，就要趁早開始努力作「HOLD住」這項功課，才能讓臉龐擁有完美的緊緻度和吹彈可破的膚質唷！

電波拉皮的適用對象

要先了解自己的膚質狀況，再參考不同年齡階段常見的肌膚問題，就能初步審視自己是否該進行電波拉皮的療程囉！

各年齡層常見的肌膚問題

● 50歲以上銀髮族，需要明顯改善皺紋

到了這個年紀，刺激膠原蛋白有效性較低，利用電波拉皮就能達到30％的效果，因此若想獲得明顯改善，建議以傳統拉皮手術較佳。倘若擔心因年齡因素致抵抗力較差，而引發感染風險，或想透過漸進式療程，以改善皺紋和鬆弛肌膚的問題，建議可以透過光電波拉皮複合式療程，來達到緊實肌膚與撫平細紋的效果。

● 40歲左右的中年婦女，對抗皺紋與肌膚鬆弛

現代人較注重保養，許多人看起來都比實際年齡年輕許多，但儘管如此，皺紋、細紋、毛孔粗大仍會隨著年齡慢慢顯現，此時透過光電波拉皮即可達到約50％的療效。此

外，也可以透過電波拉皮來達到淡化細紋的功效，而部份靜態紋及動態紋亦可以透過肉毒桿菌搭配玻尿酸改善，鬆弛肌膚則可透過電波拉皮達到緊實飽滿、縮小毛孔的療效。

● 30歲左右的輕熟女，預防肌膚老化

這個年齡階段的女生多少已有些肌膚細紋的問題，略顯鬆弛的臉部線條可透過按摩及保養獲得提拉改善，但仍有為數不少的女性往往因法令紋、黑眼圈型淚溝、抬頭紋等問題，讓臉部肌膚看起來比實際年齡大上許多。此時透過電波拉皮等醫美療程，可獲得初步有效的改善，若再以其他相關玻尿酸等療程來輔助加強，即可讓肌膚水嫩飽滿，提升整體滿意度。

● 20歲左右的年輕粉領族，希望改善肉肉大餅臉

年輕粉領族雖然肌膚鬆弛老化的程度較不明顯，但對於嬰兒肥或是大餅臉就會很在意，因此利用電波拉皮來雕塑小V臉是很好的解決方式；此外，透過電波拉皮也可以達到緊緻肌膚紋路、對抗鬆弛或提早老化等問題。

常見需要拉皮的問題肌

● 臉部與頸部的鬆弛及老化。

● 眼部輕中度下垂。

● 手臂皮膚鬆弛（蝴蝶袖）。

● 產後或減重後的腹部、臀部與大腿皮膚鬆弛。

電波拉皮的優點

愛美是人的天性，如今，借助日新月異的整型美容手術，就可以讓人改頭換面，而美容科技的進展更是一日千里，號稱具有「隔山打牛神功」的電波拉皮，是時下熟男熟女熱衷選擇的時尚除皺術，有了這項抗老新技術，就是能讓你美得不著痕跡。

大家都知道皺紋是歲月的印記，也是年齡的洩密者，更是抗老化治療的首要目標。傳統的拉皮手術雖然可達到立竿見影的效果，但總給人不自然的僵硬感，儘管拉皮手術的技術不斷在進步，但麻醉風險、侵入性手術及術後的恢復期，都讓許多想讓自己變年輕，卻又不想讓別人發現的「低調愛美族」望之卻步。

非侵入性、免開刀、不流血

以非侵入性拉皮技術而言，電波拉皮儼然成為時下抗老新主流，其原理為利用無線電波對皮膚進行加熱，作用於深層筋膜刺激膠原蛋白增生，進而達到拉提的效果，由於不需動刀但效果顯著，因此廣為大眾所接受。值得注意的是，如有開放性傷口或病變時，或是有嚴重囊腫型青春痘發生時，就不能施打唷！

電波拉皮技術及快速探頭，以非侵入性、免開刀、不流血及不需恢復期的安全治療方式，讓消費者能夠在悄無聲息的過程中，不知不覺變年輕。正因為它可以讓人美得很低調，卻又很有效，目前已受到許多國內外影視界及政商名流的青睞。

一般而言，人體肌膚在25歲以後就開始出現老化，初期由於真皮的保濕能力退化及表皮層的水分流失增加，使得臉部肌膚漸漸出現細紋，且隨著歲月流逝，小細紋逐漸形成表情紋，例如魚尾紋、抬頭紋、嘴角旁的法令紋等，最後因膠原組織退化及彈性纖維變性而造成皮膚鬆弛，最後形成深度皺紋。

對於表情紋及靜止紋的治療，以非侵入性的方式並無法獲得適當改善，電波拉皮手術則可以達到等同手術拉皮的除皺效果，又不會傷害皮膚的完整性與保護機能。

治療時程短

電波拉皮的治療機轉，主要是靠電波在皮膚形成電阻作用來產生熱能，皮膚組織中主要的電阻位於皮膚深層的真皮組織，所以治療後並不像雷射磨皮會留下傷口，同時產生結痂，頂多只是在治療結束後，皮膚會稍微泛紅，敏感肌膚在30分鐘後就能回復正常膚色與狀況。因此，繁忙的上班族，可以利用午休一個多小時的時間來完成電波拉皮療程，治療結束後可以立即上班，不會有人發現您的臉上剛完成一次「寧靜革命」呢！

立即緊緻及再生效果

電波拉皮治療具有立即性的緊膚效果及長久性的再生效果兩大功能。

它是利用真皮層膠原蛋白在攝氏60～70度的溫度時，所產生立即收縮的特性，讓鬆弛的肌膚在治療後馬上就感受到向上拉提、緊實的拉皮效果。

經過治療後的2～6個月中，受到刺激的真皮層膠原蛋白會逐漸增生，並促使真皮層恢復緊實與彈性，讓皺紋由深變淺，並逐漸消失。由於這療程涉及繁瑣的組織再生過程，有些人在治療後2個月內仍無特別感受，以至於認為被騙白花錢，但千萬先別氣餒，在治療的2～6個月後效果會逐漸出現，你會發現抬頭紋不見了、下垂的眼皮往上拉提、眼睛變得更大更有神、鬆弛的下巴也變得緊實，使得下巴的線條更明顯，將這些好處加起來，就是整個人都「變少年」啦！

可維持較久的治療效果

國外目前已將電波拉皮的治療推展到拉提其他下垂或皺紋的類似組織，例如火雞脖子、蝴蝶袖、鮪魚肚及妊娠紋等，加拿大衛生部也已核准該技術可用於中度至重度青春痘疤痕的治療。

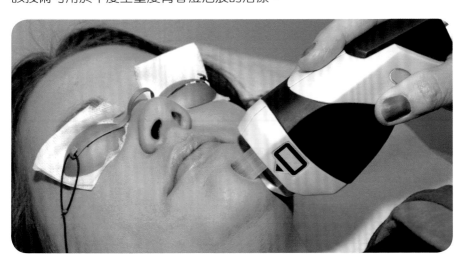

③ 電波拉皮後的術後保養

　　拉皮後的術後保養對維持療效有很重要的影響，正確說法應是傳統電波拉皮的療效約需待3～6個月後較為顯著，但每個人的肌膚膠原蛋白流失程度不同，使得電波拉皮療效也有所差異。而進行電波拉皮療程後，因施作的肌膚較為深層，所以效果也比較好，而治療過程中的舒適感也會相對提高，只有冰冰又熱熱的感覺，不會特別有刺骨的不舒適感。

可搭配加強療程，效果倍增

　　在電波拉皮療程之外，還可以搭配經濟有效的複合式療程，達到更有效的除皺逆齡目的。當電波拉皮療程的療效逐漸顯現時，醫師可即時針對需要強化的部位做補強，並搭配微整療程，讓整體療效與滿意度都會比單做來得更加倍、更有效唷！

時間到了就要補打

　　電波拉皮的療效大約可維持1年半至2年左右，較早期的電波拉皮因耗費成本高，民眾接受度較低，現今醫療水準提高，患者可改採多次刺激膠原蛋白的方式，即可在治療過程中逐漸看到效果，再依自己的膚質狀況，施作最適合且經濟有效的療程次數，就可以達到預期的效果。

　　現代電波拉皮儀器精進，疼痛感可以大大降低，無須再忍受療程中如同被火燒烤的疼痛感，且術後只需維持一般的保養方式即可，不需有恢復期，輕鬆享受逆齡緊實的成果。

4 如何維持電波拉皮的效果？

　　電波拉皮主要的特點之一，就是可以依照個人膚質狀況調整最適合的療程次數，間隔區間可彈性調整每1～4週為一次，而實際療程次數建議依個人情況差異，約3～10次不等，療效約可維持1年半～2年的時間。相關的問題和合適的療程，建議可詢問專業醫師。

治療後的美麗叮嚀

　　1.術後會有暫時性的微紅與腫脹，約1～7天就會自動消失。

　　2.若有紅疹或脫屑現象，每天塗抹醫師給予的藥膏，早晚各使用一次，持續使用2～3天，直到皮膚恢復正常；還需加強保濕、修復、防曬產品的使用。

　　3.使用溫和無刺激性的洗臉產品，不要用顆粒型洗面乳或磨砂膏，以免刺激治療部位。

　　4.術後3～7天內避免使用有刺激性的保養品，例如果酸、A酸、酒精、香料、水楊酸、杜鵑花酸、或其他酸性刺激產品，拉皮手術後的肌膚保養以低敏感性產品為主。

治療後建議使用的產品及其作用

　　1.**玻尿酸、維生素B$_5$、絲蛋白、神經醯胺（ceramide）**：以增強保濕。

　　2.**胜肽、生長因子**：促進膠原蛋白再生，加強治療效果。

3.維生素B$_3$、甘草酸、絲蛋白產品：加速修復退紅。

4.SPF 30、PA^{++}/PPD8-10以上防曬係數乳液，並配合使用陽傘與寬邊帽。

建議搭配的加強療程及其作用

1.倍力光、電位拉提、胜肽導入、生長因子導入：加強除皺拉提效果。

2.奈米雷射、柔膚雷射、脈衝光：改善靜態皺紋或老化斑點。

3.肉毒桿菌素注射：改善動態紋。

4.玻尿酸注射：改善法令紋、改善淚溝凹陷、豐頰。

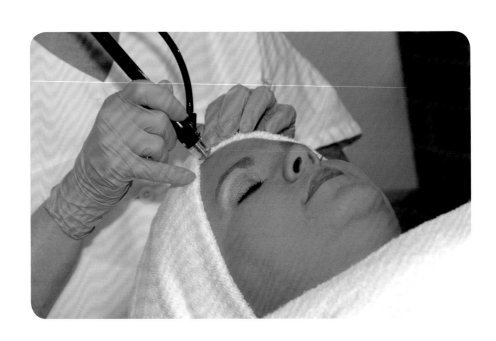

好萊塢女星的寵兒
——極線音波拉皮

極線音波拉皮是一項安全、非侵入性的治療方式,且超音波能量的使用記錄良好,在醫療顯影技術上已使用多年,而極線音波拉皮治療在臨床安全研究後已被美國FDA核可,它以不會傷害到皮膚表面的方式傳遞能量,加熱深部組織,進而引發身體自然的再生反應。極線音波拉皮不同於其他類型的超音波,接受這項治療時會有溫熱感。

1 極線音波拉皮的適用對象

施打對象若是太過年輕(30歲以下)或過度老化(70歲以上),效果可能較不顯著,但仍推薦初老患者使用這種極線音波拉皮。

極線音波拉皮後可能發生的副作用有:輕微的泛紅、水腫現象、小刺痛或輕微的觸痛,瘀青或小區域的麻木感,但這些反應通常都是很溫和或暫時性的副作用,都會有良好的復原情形。如同多半的微整療程效果都為

漸進式，極線音波拉皮治療也需要時間慢慢產生效果。新生膠原蛋白需要時間讓肌肉進行修建，因此極線音波拉皮的效果會逐步展現，可能不會每天都看得出差異，但通常在1～3個月後便能明顯感受到臉部緊緻、提拉、年輕的輪廓展現。

對付皺紋有一套

使用極線音波拉皮不僅對臉部皺紋有效，就算是難以治療的頸紋，也一樣可以搞定。因為極線音波拉皮主要就是治療臉部及頸部問題肌膚，對於鬆弛、細紋、皺紋、難以治療的頸紋等，都有令人驚喜的治療效果，包括可有效拉提並收緊兩頰皮膚，同時改善下巴線條，讓臉部輪廓更加緊實有型。此外，惱人的木偶紋、法令紋、魚尾紋等，也都能因施作極線音波拉皮而啟動肌膚再生機制，讓你的肌膚問題由內到外獲得改善！

極線音波拉皮KO問題膚質

肌膚問題	容易出現之處及原因
皮膚鬆弛	眼袋、雙下巴、法令紋、嘴角紋
眼皮下垂	習慣性收緊額頭的皮膚、常常提升眼眉
皺紋	額頭、眼睛、嘴唇四周的皺紋
頸紋	頸部老化症狀
曬斑	臉頰、手背

2 極線音波拉皮的優點

近年來「凍齡」已蔚為保養新話題，拜醫療科技發達之賜，人們得以透過種種先進的醫學美容療程，讓老化即時止步，尤其不動刀的凍齡術更是令人趨之若鶩。人類對於抗老的追求是永無止盡的，所以專家們對抗老技術的鑽研也是永不停歇，國外現已推出全新革命性的不動刀拉皮技術——聚焦式超音波緊膚術，也就是「極線音波拉皮」，其無傷口、無恢復期、無須多次治療的特性，堪稱是劃時代的肌膚緊緻治療技術。

免動刀、無傷口，作用至真皮層

極線音波拉皮是以高強度方式將超音波聚焦於單一個點，以產生高能量，並使其作用於肌膚真皮層，刺激膠原蛋白的增生與重組，有效達到緊緻輪廓及撫平紋路的效果。

而其緊緻治療的關鍵主要有兩「度」，即深度與溫度。極線音波拉皮治療深度為3.0mm～4.5mm，除了作用到纖維中隔之外，還可以作用到更深部的SMAS層，SMAS層正是手術拉皮時會治療到的重要拉提部位，也就是說，極線音波拉皮大大突破了以往的限制，首創以非侵入的方式治療SMAS。

此外，極線音波拉皮的每單一能量點在皮下作用的溫度可達到65℃～70℃，是目前所有非侵入式緊膚儀器的較強溫度，能更確實有效刺激膠原蛋白增生，同時因能量為輕輕經過表皮，所以完全不需擔心表皮受傷。

增生肌膚的膠原蛋白，不傷周邊組織

極線音波拉皮主要施作於臉部及頸部，對於肌膚鬆弛、細紋、皺紋、難以治療的頸紋等，都有令人驚喜的效果，包括可有效拉提並收緊兩頰皮膚，改善下巴線條，讓臉部輪廓線條更加緊實美麗；還有惱人的木偶紋、法令紋、魚尾紋等，也都能因極線音波拉皮的治療而使得肌膚啟動再生機制，由內到外獲得改善。

治療後的肌膚組織會有受熱作用，而肌膚膠原蛋白長期的新生重組，依照個人體質及反應會有時間差異，因新生膠原蛋白需要時間讓肌肉進行修建，大多數人在施作極線音波拉皮後的3～6個月效果最為明顯。

加強補給站

極線音波拉皮+童顏針舒顏萃＝效果加倍緊緻

所謂的「童顏針」，也就是聚左乳酸，它不只是填充，還可以啟動自體膠原蛋白增生功能，而舒顏萃中的聚左乳酸是一種微粒注射型粉末，具生物相容性及分解性，當注射進入真皮層，其成份會暫時取代肌膚流失的膠原蛋白，並漸進式地在肌膚組織中一邊進行崩解釋放作用，一邊促進膠原蛋白再生，復甦自身的賦活能力，也可以說它是「活」的，不同於一般填充物質，吸收代謝後將恢復未注射前的原狀。

③ 極線音波拉皮後的術後保養

極線音波拉皮治療其實並沒有開放式的傷口，所以也不需有恢復期，對生活作息完全不會造成任何影響。

在治療前會進行皮膚清潔，全臉治療的時間約可在一個小時內完成。治療後的幾小時內可能會有輕微的泛紅，水腫、小刺痛的副作用，或在某些部位可能出現極小略白的能量點小疹，但這些通常都是正常、溫和且暫時性的反應，只要沒有持續過久或惡化，基本上就不會有特別的問題。

施作後診所會安排術後追蹤，以得知治療效果的發展；而患者除了定期回診外，還要按部就班進行術後保養，才可以讓緊緻美肌維持更為長久。

凹臉救星──液態拉皮

　　相信關注微整技術的讀者對於液態拉皮一定不陌生，液態拉皮又有「3D聚左旋乳酸」、「舒顏萃」、「童顏針」等別稱，它跟其他微整型技術最不一樣的地方是它可以大量刺激人體新生膠原蛋白來產生效果，同時達到填補臉部凹陷與實現皮膚緊實、拉提的作用。

　　現有的醫學美容填充劑，多半以單點的修補為主，難以滿足想要全臉修整、拉提的需求，3D聚左旋乳酸以整體的均衡美感為考量，透過注射3D聚左旋乳酸到指定部位，即能活化肌膚刺激膠原蛋白再生。不同於傳統的注射填充劑，3D聚左旋乳酸以漸進的方式，從根本改善造成臉部老化的成因，藉由補充天然膠原蛋白，呈現更加自然的效果。

液態拉皮的適用對象

　　「舒顏萃」是新型的微整型填充劑，藉由聚左旋乳酸注射到指定的部位，使其活化肌膚，刺激膠原蛋白再生。無論是除紋、豐頰、輪廓重塑或是全臉拉提都能做到，使肌膚自然地找到活力，再現青春。

什麼是「聚左旋乳酸」？

　　聚左旋乳酸被醫學界使用超過30年，早期是使用在可吸收的縫線、骨科材質所使用的固定器等等，可被人體完全分解；它能與生物相容，也就是不會引起體內排斥，能被生物降解，在體內自行分解代謝的物質。

舒顏萃的發展

　　舒顏萃以前是用在治療愛滋病人因脂肪萎縮造成的臉頰凹陷，後來歐洲在2004～2005年開始使用於改善老化，而美國是在2009年由FDA通過醫學美容適應症的使用。2010年7月取得台灣衛生署許可，同年8月在台灣上市。

 液態拉皮的優點

　　不論是任何年齡層的男生女生，要維持Q彈水嫩的青春膚質，最重要的關鍵點在於皮膚組織中含有充足的膠原蛋白含量。不過，一旦年齡超過

25歲，肌膚的膠原蛋白含量就會逐漸減少，加上現代女性常常需要為了工作熬夜，有形或是無形的壓力，以及現代生活形態的改變，這些內外在因素都會加速體內膠原蛋白的流失速度。

當肌膚的膠原蛋白含量開始減少，我們臉部的組織容積也會跟著遞減，導致輪廓和膚質都會出現許多老化問題。這時，液態拉皮就能幫上很大的忙，它的適用症狀包括：皮膚鬆弛、皮膚老化、較深皺紋、法令紋、臉部凹凸不平、蘋果肌、皮膚摺層、皮膚暗沉等情況。

舒顏萃能增加凹陷區域的體容積

舒顏萃則適用於修整皮膚凹陷處，例如：皮膚皺摺、皺紋、摺層和皮膚老化。它可大面積修復或修整臉部脂肪流失（皮下脂肪萎縮）的現象，包括接受抗逆轉錄病毒藥物治療的人類免疫缺乏的病患。

比傳統填充更晉級，讓青春逆齡

3D聚左旋乳酸打破一般傳統的填充觀念，它可以啟動人體膠原蛋白的增生機制，因此它是由內刺激膠原蛋白的新生，若再加上由外點、線、面特殊的交叉治療方法，就可以在我們的肌膚形成一個彈力網的結構，達到全臉拉提、膨潤除皺的效果。

聚左旋乳酸的效果不同於一般的填充物，它可以深入真皮層刺激膠原蛋白增生，一天天增加肌膚組織所流失的膠原蛋白，讓原本凹陷的地方漸漸膨脹拉提起來，它獨特漸進式的治療效果，讓您一點一滴重返童顏般的Q彈肌膚！

聚左旋乳酸有別於一般傳統微整型的治療方式，只是單純把填充物注

射到治療區域，可立即看到效果，而聚左旋乳酸的效果是在治療的1～3個月後漸進式出現，當下並無法實際看到治療成效，因此慎選合格的醫療院所及經驗豐富的醫師就非常重要了。

無論是使用品質參差不齊的水貨產品、缺漏的術後衛教及追蹤，抑或是治療醫師的經驗不夠豐富，甚至是醫師本身沒有認證執照，都會大大影響到治療的效果，不可不慎。

③ 液態拉皮後的術後保養

建議皮膚過敏者等過敏症狀減緩後再進行聚左旋乳酸舒顏萃治療，且治療後一周內不要做果酸換膚。還要注意的是，此治療屬間歇性療程，建議多次治療才能有較佳效果；每次間隔的時間為一個月，每次治療時間約為20～30分鐘。

術後按摩很重要！

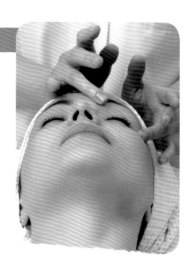

診所配有專門的護理人員，可教導患者術後居家按摩的方法，按摩可以促使3D聚左旋乳酸均勻分布於真皮層組織內，還能加速膠原蛋白的增生作用。因此，術後的按摩動作是不可以偷懶的。尤其手術後的5天內，遵循每天按摩5次，每次5分鐘，可以使治療的效果更為自然並理想。

如何維持液態拉皮的效果？

　　液態拉皮術後治療區域可能會有些微腫脹的壓痛感，此屬正常現象，大約會維持半天到2天不等；而皮膚的泛紅現象，大部份會維持1天，少部分的病人可能會持續3～5天，一般在一周內會逐漸恢復正常膚色。

　　醫療診所在治療後應立即給予按摩，及冰敷或冷敷注射部位，以幫助減緩紅腫及瘀傷的情況；建議患者可在治療後48小時內進行間歇性冰敷，以讓腫脹感和泛紅消退速度加快。注射後一周內避免用力揉搓和按壓注射部位，也要避免去高溫場所（如三溫暖）或過度曝曬於陽光下。

　　許多患者在第一次接受治療前，都會害怕在臉上進行針劑的注射，但是只要經過正確的麻醉方法和專業的治療，幾乎每個施作過該療程的人都覺得比想像中不痛，對術後的結果多數人也都非常滿意。

液態拉皮真的可以補齊流失的膠原蛋白嗎？

　　同樣施作聚左旋乳酸，經由不同醫師做出來的效果一定會不一樣，因為醫師的經驗、專業，是術後效果漂亮與否極為重要的關鍵。

　　在治療前，醫師一定得全面評估，畢竟老化是漸進式的，包括皮膚鬆弛、脂肪組織位移流失、皺紋等環環相扣的結果，從上臉、眼周、中段臉（臉頰、法令紋）、到下半臉（下顎線、雙下巴），以至於整個臉形、

比例都會改變；此外，還有皮膚老化的問題，因年齡增長造成皮下彈性纖維缺乏、膠原蛋白萎縮，再加上地心引力作用的關係，會讓整張臉鬆垮變形，輕易就洩漏你年齡的秘密。

要對付這些老化現象，只有讓肌膚重新恢復緊實、彈性，讓流失的組織、膠原蛋白重新長出來，才能完成還老返童，「看起來」更年輕的目的。

聚左旋乳酸能促進膠原蛋白增生，使肌膚緊實、組織變厚、撫平皺紋，效果在兩年多後依然良好，它的治療效果不會一夕間消失，而是會隨著人體的自然老化慢慢流失膠原蛋白，慢慢恢復到實際年齡該有的老化狀態，因此並不會比原本尚未注射前更嚴重！

液態拉皮就是經由聚左旋乳酸的注射，使皮膚組織自體產生膠原蛋白。醫師會先規劃出每個人需要拉提的區域與劑量，經過2～4次的注射治療後，讓皮膚與骨質流失嚴重處，在數個月內自體新生膠原蛋白，以達到拉皮的目的。

液態拉皮的效果漸進自然，不容易被識破偷偷

動了手腳,成分也會在半年內被自體的組織分解成二氧化碳和水,而不會有不良物質的殘留,留下的只是這段期間所產生的膠原蛋白。在國際文獻中已有充分的數據顯示,這些膠原蛋白在兩年多後依然在皮膚中維持良好的效果,這也正是近年來液態拉皮注射在抗老治療領域大受歡迎的原因。

液態拉皮的注射雖然安全,但仍要再次提醒患者,留意醫師的專業度,因為醫師必須視個人的情況,例如老化的程度、臉型、性別與年紀,先鑑別診斷臉部皮膚及脂肪組織的支持度,再決定施打劑量,並適時添加其他的填充劑,才能達到令人滿意與持久的效果。當然,還要有經驗值豐富的醫師才能精準評估,將效果發揮到最好喔!

Chapter

4

黃臉婆變俏媽咪
——微波拉皮

微波拉皮的技術是利用特殊設計的探頭，發出較高頻率的電磁波40 MHz（每秒4千萬次），當電磁波接觸到皮膚時，組織中的水分子因為是極性分子，會因為探頭的電磁波作用產生旋轉，而擠壓到其他分子，每秒4千萬次的快速旋轉震盪會對組織產生熱，當皮膚持續累積至有效熱能時，可使膠原蛋白收縮，達到拉提的效果。

微波拉皮利用「微波震盪」的技術，在醫學界被廣泛且熱烈的討論著，這項技術在一年前已被歐美及亞洲的醫學美容中心廣泛運用，過程完全無痛，效果好且沒有副作用，微波拉皮技術帶動了無痛拉皮的潮流，成為非手術拉皮的新世代指標。

微波拉皮的適用對象

微波拉皮最適合法令紋已經出現，皮膚鬆弛有皺紋的人。

有的人因為作息不正常，或時常菸酒熬夜樣樣來，導致年紀很輕就進入皮膚老化期，產生鬆弛的現象，而注重保養並維持良好的人，卻是在年紀較大時才會出現皺紋及肌膚鬆弛的現象，因此，老化狀況要看個人保養以及皮膚狀況而定。

微波拉皮主要的適用族群以35～65歲的熟女及輕熟女為主，大部分的人在一次治療後就可以看到明顯的效果，若是年齡較長，過度老化鬆弛且皺紋較深的皮膚，則需要經過2～3次的治療才能有較為滿意的效果。

微波拉皮可針對以往醫學美容技術的死角，如眼周細紋、頸部（火雞脖）等敏感部位特別加強，全臉微波拉皮可讓熟齡肌膚有緊緻回春的效果，更可運用於雙下巴或年輕族群的嬰兒肥、臉部，及大面積的腹部、臀部、大腿和蝴蝶袖等部位。

愛美，卻希望可以「無痛」

傳統的電波拉皮即使在皮膚上了麻醉藥膏之後，還是會感覺非常的疼痛，大多數人咬緊牙關忍耐度過整個療程，有的人寧願冒著很大的風險進行全身麻醉，來接受電波拉皮的治療。

電波拉皮在頻率上是每秒600萬次，而微波拉皮則是4千萬次，微波拉皮最適合法令紋已經出現，皮膚鬆弛有皺紋的人，更能改善眼袋、眼部細紋、抬頭紋、雙下巴等老化症狀。

　　微波拉皮不需要進行任何麻醉，漸進式加熱的治療過程非常舒適，只覺得治療的部位熱熱的，這種熱感就像在做SPA一樣，算是醫美微整型一項重大的技術演進。

微波拉皮的優點

　　從物理學上來說，在頻率上電波拉皮是每秒600萬次，生理感覺較痛，需要麻醉；而微波拉皮是每秒4千萬次，作用的部位更加深層、效果更好，但是卻無痛。而且微波拉皮在操作過程中，改進傳統電波拉皮以單點重複加熱的方式與缺點，改以大面積均勻滑動，完全無痛，過程中只有溫熱的感覺。

　　微波拉皮是非侵入式的治療方式，不會痛且十分舒適，所需時間短，僅短短一頓飯的時間即可完成，可立刻恢復正常作息，不需復原期，且任何膚色皆可治療，不易產生雷射返黑之副作用，可說經濟有效。

微波拉皮的原理

　　微波拉皮已於2015年獲得美國食品衛生管理局（FDA）及台灣衛生福利部的許可證，通過的適應症為治療老化肌膚之細紋及皺紋。

　　微波拉皮的原理是利用特殊設計的探頭，發出較高頻率的電磁波，當微波進入皮膚時，組織中的水分子因為是極性分子，所以會因為探頭的電磁波作用產生旋轉，而擠壓到其他分子，每秒4千萬次的快速旋轉振盪會對組織產生熱，和微波爐加熱的原理是一樣的，這樣的熱作用很奇特，它在

皮膚深層的熱能是很強的，卻不會傷到表皮。

當溫度達到39℃時，膠原蛋白因為受熱會產生立即收縮的現象，膠原蛋白會因而增生，凹陷的皮膚表面因為膠原蛋白撐起來，除了使細紋皺紋減少之外，皮膚也會變得更加飽滿有彈性，產生「提拉緊實」的功效。但在提拉緊實之外，因為溫度在42℃以上時，其加熱作用能深入真皮內達到2公分的部位，因此，皮下脂肪因熱能破壞它的結構，從而能達到減脂或塑身的目的。

微波拉皮的界限在哪裡？

微波拉皮的效果可以維持一段相當長的時間，但每個個案可以維持的時間長短，與個人肌膚的生理年齡有關，效果也與施作當時的肌膚情況有關，但微波拉皮對於超過2公分以上的真皮層及極度老化的皮膚，施作效果是非常有限的。

另外，微波拉皮術後須做好保養及防曬的工作，並養成良好的生活習慣與原料營養的供應等，如舒緩面膜、甘草酸產品可幫助退紅，使用生長因子及補充膠原蛋白則會影響其功效；而操作醫師的技術與經驗也是很重要的，弄錯了加熱的部位或使用不當的功率，將會造成反效果，患者的皮膚會因受傷而起水泡，甚至變成「黑臉金剛」。

③ 微波拉皮後的術後保養

　　由於微波拉皮的特色是：非侵入性、深淺通吃、無痛、速效又持久，它結合了雙極治療頭（BiPolar）及單極振盪治療頭（UniPolar）兩種作用。雙極治療頭穿透度較淺，能達到淺層緊實，適用於皮膚較細較薄處；單極振盪治療頭穿透度較深，適用較大皮膚組織的深層加熱。

　　微波拉皮在治療皮膚鬆弛上，尤其是頸部，更勝於以往所有的電磁波科技，也算是突破性的技術，是無須麻醉也無痛的治療方式，術後可以馬上看到效果。

　　微波拉皮的優勢為多功能、多效果、速效又持久，還可以併用其他治療或注射方式來達到更顯著的效果，也就是所謂的非手術拉皮。術後可以立即觀察到皮膚明顯變得緊實，而且改善過程可以持續長達三個月，效果可長達半年甚至更久。

無痛會有效嗎？

　　微波拉皮使用比傳統電波拉皮高出6倍的電磁波頻率，加上專利設計的獨特探頭，以頻率更高的電磁波旋轉水分子，對分子產生高速的震盪，即是所謂的「微波振盪」，可以更快速產生膠原蛋白收縮的作用，因此可以不痛又達到更好的效果，破除傳統拉皮技術「會痛才有效」的迷思！

療程與術後需知

　　為保證治療效果，微波拉皮治療前兩週內不要做脈衝光雷射療程，一

週內不要做果酸換膚，一個月內不要打肉毒桿菌和玻尿酸；而治療後施作部位會有輕微泛紅的現象，約30分鐘至1小時可以消退，可擦甘草酸或敷舒緩面膜幫助退紅，拉皮後可立即上妝外出，即可恢復正常生活。

至於術後臉部會較乾的問題，建議多擦玻尿酸、生長因子及乳糖酸乳液，而一週內須使用SPF 30的防曬用品，術後72小時內不要將患部泡於溫水中就可以了。

 微波拉皮後如何維持美麗依舊？

基本上，微波拉皮對皮膚的拉提工程分為三期：

第一期：膠原蛋白收縮期

約術後的1～3天，在治療後，膠原蛋白因收縮而使肌膚感受到緊實。

第二期：膠原更新期

約術後3天～1個月，此時感覺到肌膚好像沒有剛做完時那麼緊實，這是因為此時膠原蛋白在持續換新中。

第三期：膠原彈力期

約術後1～3個月，膠原蛋白在更新後，皮膚會被撐起來，而產生拉提的效果，皮膚會變得更加緊實Q彈。

如果謹守黃金治療時間，規律密集使用，可讓皮膚長久處於「三期一

體」的最佳狀態，共同呈現最佳效果，效期亦能持續一段相當長的時間。

無痛感、效果好、無副作用

微波拉皮的技術是利用特殊設計的探頭，發出較高頻率的電磁波，而探頭的電磁波作用產生旋轉，每秒4千萬次的快速旋轉振盪會對組織產生熱能。微波拉皮產生的熱效應作用持續累積為有效熱能時，可使膠原蛋白產生收縮的現象，收縮的膠原蛋白會使皮膚組織進入療傷反應（wound healing）的過程，纖維母細胞會產生更多的膠原蛋白，這樣的過程至少需要一個月的時間，有時候甚至需要數個月的時間，使自體膠原蛋白更新及增生，皮膚因為膠原蛋白增生而撐起來，除了細紋、皺紋減少之外，皮膚也會變得更加飽滿有彈性。

最特別的是，整個療程完全無痛，效果好且無副作用，使得微波拉皮帶動了無痛拉皮潮流，以及非手術拉皮的新技術。

針線交織無痕凍齡肌──
5D逆齡拉提術

想要成為具備年輕時尚的凍齡美女，除了不能有老化的皺紋、法令紋，臉部還要具有最上鏡的V形曲線，這些都是凍齡美女的最高原則。但是對有點老態的熟女來說，動刀進行拉皮手術令人膽顫心驚，日常保養品擦拭又效果緩慢，常常為了做或不做進退兩難。

然而，拜醫學科技進步之賜，有此困擾的愛美人士有福了，訴求以支撐建構學為概念的「5D逆齡拉提術」，已經在國內外醫美微整型領域強勢推出，且使用滿意度相當高。

所謂的「5D」，是繼2012年4D醫美技術強調的點、線、面、時空概念進化而來，2013年美容醫學更加強著重在第五個D，也就是Doctor（即「醫師」），強調醫師的專業知識、熟稔技術及豐富經驗，具有第五個D，即可精準評估，並為每個求診者客製化專屬的醫美療程。

5D逆齡拉提術透過微小的針孔，先以高科技醫療用生物性線體支撐鬆垮的肌膚，再刺激真皮層膠原蛋白增生機制，拉長且增強凍齡效果，使臉部肌膚與輪廓更顯細膩緊緻，抗老效果顯著，又是低痛感、低創傷的治療

方式，由於具備這些特點，逆齡拉提術已成為醫美抗老界的美麗新寵兒。

逆齡拉提術的適用對象

　　不管男人和女人都很在意的年輕容貌不可能青春長駐，它會隨著時間一點一滴流逝而漸漸消失。而肌膚的老化現象從初老症狀，如粗大毛孔、乾燥肌膚、黯沉無光開始，緊接著，隨著皮層組織內的膠原蛋白漸漸流失，膚質開始失去彈性，眼周、嘴周細紋漸漸明顯，若情況更為嚴重，還會出現淚溝、額頭、夫妻宮、雙頰等處的凹陷問題，最後整臉輪廓產生鬆弛、下垂等嚴重老化現象。

　　逆齡拉提術需藉助醫師的專業技術與豐富經驗，其特殊的微創注射法，突破傳統拉皮需透過一道大小不等的傷口，才能緊緻臉部輪廓的原理，而是採用微整型注射技術，視不同的手術部位將外科用的PDO縫線，透過針孔打入皮下組織或筋膜層，對鬆垮的肌膚產生立即性的支撐效果。注入後約6～8個月可被人體吸收的PDO線體，開始對肌膚產生刺激，讓

膠原蛋白與纖維母細胞漸漸增生，由內而外讓肌膚更加飽滿光滑，達到整臉輪廓輕齡緊緻的效果。

由於醫療用的生物性線體會刺激臉部膠原蛋白活化、增生，皮膚會自然呈現Q彈緊緻的好氣色，術後不會讓人看起來有僵硬假臉的感覺，對崇尚自然的愛美人士非常適合。

雖然逆齡拉提術跟動刀的拉皮手術比較起來，是個相對安全、簡便的手術，但並不能因為這樣就忽視醫師的專業度；在此提醒，無論再安全的手術，仍須經有經驗的醫師評估是否適合，求診者需詳實告知過去病史，雙方在手術前詳細溝通，才能避免糾紛。

迎合愛美人士的逆齡拉提術

以支撐建構學為概念的「逆齡拉提術」，透過微小的針孔，先以高科技醫療用生物性線體支撐鬆垮肌膚，再刺激真皮層膠原蛋白增生機制，拉長增強逆齡效果，使臉部肌膚與輪廓更顯細膩緊緻。

基本上，肌膚的老化問題，如毛孔粗大、乾燥肌膚、黯沉無光，或是更進一步的眼周、嘴周細紋，甚至是出現淚溝、額頭、夫妻宮、雙頰等處的凹陷問題，還有整臉輪廓產生鬆弛、下垂等嚴重的老化現象，這些問題透過逆齡拉提術就可以獲得很好又立即的改善效果，由於抗老效果顯著，又是低痛感、微創，無怪乎這項技術已成為輕熟女微整型的新寵兒。

以下針對逆齡拉提術提出四點在術前評估的小撇步：

1.運用功能性不同的線：因為每個人臉部下垂、鬆弛的情形不同，必須經由醫師判斷，在不同部位利用粗細功能不同的線，分別埋在深淺不同的層面，才能有效撐起嚴重鬆弛、下垂的皮膚。

個案一

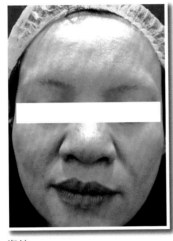 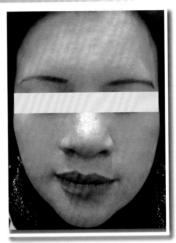

術前　　　　　　　　術後

　　2.局部麻醉及睡眠方式的使用：一般而言，通常在施針部位使用局部麻醉藥膏即可減輕疼痛感，但醫師也會視手術狀況及患者需求，使用睡眠方式麻醉（或稱睡眠麻醉）治療。

　　3.微創傷口、恢復期短：以台灣男女就診比例而言，男性的確較少，但這幾年有慢慢增加的趨勢，線提傷口只有針孔大小，1～2週內會有微腫脹、瘀青，冰敷就能改善，對於那些不希望被發現動手術的愛美男女來說，可說是一大福音。

　　4.外拉提、內增生，拉提效果明顯：逆齡拉提術與過往的侵入式拉皮（如五爪、八爪）手術的不同之處，在於這種微創拉提技術不需要動刀和縫線，經醫師評估臉部鬆弛、下垂部位後，透過專業醫師的巧手，運用一針一線的交織，針對不同的老化部位，使用「導管」注射器植入可被人體代謝的PDO線，一方面對肌膚產生立即性的支撐拉提，另一方面在術後數

個案二

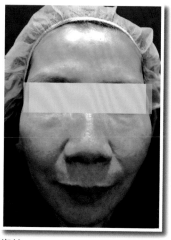 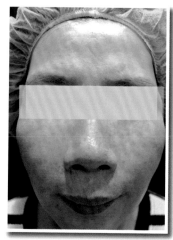

術前　　　　　　　　　　術後

週後，植入的 **PDO** 線將會被人體漸漸吸收，並開始刺激纖維母細胞，自然增生膠原蛋白，加速皮膚的新陳代謝，促進細胞組織再生修復，讓肌膚如同被施了逆齡魔法般，自然地由內而外產生緊緻拉提的效果。

2　逆齡拉提術的優點

抗老方法推陳出新，也讓消費者的選擇更加豐富多元，而其中的差異在於手術方法與原理，以及所使用的技術與輔助工具。在這麼多選擇中，如果你有意進行這類療程，的確會很煩惱自己適合的抗老療程究竟有哪些？

與其他逆齡技術相較，逆齡拉提術的優點包括：緊緻拉提效果能立即

個案三

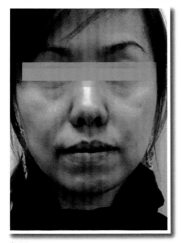 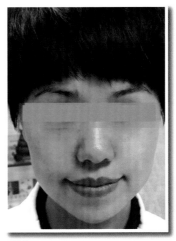

術前　　　　　　　　　　　術後

看見、術後無硬膠假臉感、針孔傷口不易察覺，且它能填補凹陷、淡化皺紋、改善鬆弛、提拉輪廓、局部體態鬆弛改善，再加上它具有的恢復期短且保養容易、逆齡效果持續漸進等優勢，還可搭配其他美容醫學療程，達到多重美顏效果，讓你輕鬆找回自信的年輕容貌。

3 逆齡拉提術的術後保養

逆齡拉提術是依肌膚部位的下垂狀況，醫師評估可植入多條PDO手術縫線及注入方法，再使用注射器推進可被人體吸收代謝的PDO手術縫線，產生立即支撐效果。利用無限制注射方向的角度拉提調整，可針對不同的老化部位進行有效的固定力及拉提力。

注射後會有輕微發紅、腫脹，臉部可能會有輕微脹痛是正常現象，冰敷可以改善，次數不限，每次10～15分鐘，且術後需加強保濕與防曬，效果會更佳。術後數週後，PDO線體會被人體漸漸吸收，並開始刺激肌膚自然增生膠原蛋白，若能再與其他填充注射療程合併治療，如以玻尿酸或膠原蛋白填充不飽滿處，就能達到最佳的凍齡效果。

逆齡拉提術需知

逆齡拉提手術時間一般約在1個小時左右，在恢復期及傷口照顧上，由於逆齡拉提屬於微創手術，術後症狀最多為微痛、腫脹和瘀青，術後1～2週建議多冰敷狀況就可以改善，並注意傷口在2～3天內不要碰到水。

術後效果約能維持一年至一年半，依施打狀況和病人生活習慣及埋線數量、粗細線而有所增減，若能搭配其他醫美療程及日常多注重保養，可維持更佳的效果。

恢復期及傷口照顧

逆齡拉提是屬於微創手術，術後症狀最多為微痛、腫脹和瘀青，尤其男生恢復力較快，因此有人甚至完全沒有感覺。術後1～2週建議患者可多冰敷，以改善此情況，傷口2～3天不要碰到水，才能正常癒合。

因臉部富含血管，手術後可能會有瘀青狀況，術後立即冰敷可以改善；術後也可能發生臉部輕微腫脹、發紅，持續性冰敷可以改善。術後一個月內，勿接受雷射光療與微整型療程，且一個月內不要過度揉捏治療區域。

此外，仍須提醒想要做此手術的患者，任何手術均須經過謹慎的術前

逆齡拉提術 5 Steps

Step1：依部位的下垂狀況，醫師評估可植入多條PDO手術縫線及注入方法，提高術後的拉提效果。

Step2：使用注射器推進可被人體吸收代謝的PDO手術縫線，產生立即支撐效果。

Step3：無限制注射方向的角度拉提調整，可針對不同的老化部位進行有效的固定力及拉提力。

Step4：注射後有輕微發紅、腫脹，臉部可能會有輕微脹痛是正常現象，冰敷可以改善，次數不限，每次10～15分鐘。術後加強保濕與防曬，效果會更佳。

Step5：術後數週後，PDO線體會被人體漸漸吸收，並開始刺激肌膚自然增生膠原蛋白，若能再與其他填充注射療程合併治療，如以玻尿酸或膠原蛋白填充不飽滿處，就能達到最佳的凍齡效果。

評估，孕婦、心臟病、凝血功能異常與重度疾病患者並不適合進行逆齡拉提術，除了過去病史，正在服用阿斯匹靈、抗凝血等藥物的患者也需告知醫師，手術前須經醫師再次評估才可進行，醫病間有良好且詳細的溝通，方能避免糾紛。

另外，肌膚過度鬆弛的患者也不建議進行此療程，術前可與醫師充分討論及評估後再做決定。

重要！術後保養及醫師複診

逆齡拉提術一般可在30～50分鐘左右完成，時間依施打狀況和病人生活習慣及埋線數量、粗細線而有所增減，若搭配其他醫美療程及日常保養，可維持更佳效果，一般維持效果大約是一年至兩年。

要注意的是，凝血功能異常的患者，或有在吃阿斯匹靈或抗凝血藥物的患者須預先告知；心臟病或重度疾病患者也不建議施行此拉提手術。

4 逆齡拉提術讓你找回青春肌力

隨著時間流逝、地心引力的影響，皮膚開始下垂，肌膚老化現象漸進出現。現在利用逆齡拉提術，透過專業醫師的巧手，就能改善肌膚鬆弛、下垂等老化現象，並透過刺激組織自動增生機制，讓你凍齡找回青春肌力。

曾有一位46歲在旅行社任職的資深導遊前來診所就診，他因為常常帶團出國，每天忙得不可開交，看到五年前的照片

和現在判若兩人,才讓他驚覺老化已經很嚴重,這才趕緊找上醫美診所幫忙。

這位導遊諮詢後決定接受逆齡拉提術,術後休息了幾天就開始正常工作,後續也做了一些簡單的醫美療程幫忙改善瑕疵,現在外觀感覺年輕了5歲,人變得更有精神,更有自信!

凍齡鋸齒線拉提更有效!

「鋸齒線」是由PDO特殊縫合材料製成的線,它的邊緣比較傾斜,末端比較鋒利,呈鋸齒狀。手術時,用「導管」在髮際線微創表皮,將線導入皮下淺筋膜層組織,鋸齒線上每一個小齒都恰好緊貼並支撐著軟組織,這些鋸齒可以讓線鑲在軟組織裡時只能向一個方向行進,阻止其後退,使下端鬆弛的組織向上提升,並固定在上面的組織中,達到收緊皮膚、提升下垂皮膚的效果。

Chapter

6

打造緊實小V臉
——肉毒拉皮

　　不論男女，只要一過30歲，總會開始緊張臉上會不會悄悄透露出歲月的痕跡，最怕就是出現皺紋、鬆弛、下垂的現象，總是想盡辦法防止這些情況發生。針對早期下垂或輕中度鬆弛，肉毒桿菌拉皮提臉頰有相當不錯的效果，因此許多醫師會以肉毒桿菌加上電波拉皮雙管齊下，如此就能增加電波拉皮的效果，但其實真正發揮效果的就是肉毒桿菌。

肉毒拉皮的適用對象

　　大部分人對肉毒桿菌的認識，不外乎就是除皺和解決咀嚼肌過大的問題。許多人以為除皺就是要緊緻肌膚，才能撫平皺紋，其實肉毒桿菌的作用原理，主要是阻斷神經與肌肉之間的傳導，阻止肌肉活躍，讓它「放鬆」，以達到除皺的效果。

　　造成臉部肌膚鬆弛、下垂的現象，部分原因其實與咀嚼肌的問題大

同小異，都是因為臉頰兩側用力咬合時，讓肌肉「往下拉」，這時肌膚就會產生下垂的假現象，而肉毒桿菌拉提的原理就是將這些下垂的肌肉「放鬆」，讓它們通通回歸原位。

肉毒拉皮改善鬆弛肌膚

肉毒桿菌可適用於中下半臉的拉提，像是嘴角下垂、下顎線條鬆弛或不明顯等，在注射肉毒桿菌之後，可以讓下顎及下巴的線條更緊實，以達到V字小臉的效果，基本上效果約可維持4～6個月。不過對於鬆弛嚴重或皮膚組織較厚的人，效果可能較不理想。

對於想要減少臉部皺紋、擁有皮膚緊實效果、調整臉部左右不平衡、平順臉部線條、臉部鬆垮下垂需拉提、或是想要改變臉部線條的人，肉毒拉皮都會有很好的效果呢！

2 肉毒拉皮的優點

肉毒桿菌素是一種天然、純化的蛋白質，也是一種神經傳導的阻斷劑，用以治療過度活躍的肌肉，可讓皺紋變平滑，藉由肉毒桿菌注射可讓臉部呈現小臉效果。

肉毒拉皮注射一般分為上半臉及下半臉。上半臉拉提注射在太陽穴的部位，藉由肉毒桿菌注射讓眼尾、眉尾及太陽穴部位向上拉提，改善魚尾紋，讓臉部表情更有朝氣；而下半臉拉提注射在下顎部位，讓下巴線條緊實、法令紋改善，徹底達到V字小臉及除皺抗老化效果。

肉毒拉皮療程的八大特色

1.不需動刀，注射後可從事正常活動，日常生活不會受影響。

2.肉毒只作用在治療部位，其他肌肉並不會受影響，仍可正常地收縮，不影響自然表情，也不會引起臉部僵硬。

3.肉毒拉皮的生效時間相當快速，但因人而異，一般3～7天可看到初步成果，效果可維持3～6個月。

4.肉毒桿菌素在治療方面，已經安全而有效地使用了十年以上，是一種簡單而安全的方法。

5.療程舒適，局部僅有微脹微痛感，接受度高，快速又安全，無副作用。

6.不需要開刀手術，沒有大量出血的疑慮，也不需要很久的修復期。

7.不僅能消除動態紋，讓肌肉處於休息狀態，也能防止靜態紋惡化。

8.肉毒的可逆性比其他醫學美容療程來得高，且風險較低，若效果不滿意也不用太過擔心。

3 肉毒拉皮後的術後保養

注射肉毒桿菌素沒有手術傷口復原的問題，但效果只能維持6個月左右，適合動態皺紋，如臉部各種表情造成的魚尾紋、皺眉紋、抬頭紋等，利用肉毒桿菌素阻斷神經末稍傳導的特殊功能，達到放鬆肌肉的作而消除皺紋，省去開刀拉皮的時間。

肉毒桿菌素可以用來調整眉型，有些人眉毛與眼睛過於接近，可以在皺眉肌、鼻上肌、內側部及外側部的眼輪匝肌等部位施打肉毒桿菌素，拉高眉毛位置；此外，因年紀大導致皮膚鬆弛，或是脖子的頸闊肌收縮時產生直紋，也可注射肉毒桿菌素來撫平。

注射肉毒桿菌素要注意避免使用過量，過量時會有撲克臉及表情僵硬等副作用，注射完半個月要避免在注射部位熱敷、按摩及洗三溫暖。

注射肉毒桿菌素的注意事項

對肉毒桿菌素過敏、懷孕、使用口服或植入式避孕藥品、任何凝血藥品或其他藥物、光過敏體質、蟹足腫體質，或治療部位有罹患過單純性皰疹，務必在術前告知醫師。而施打後1～2週內咬肌較無法用力屬正常現象，並應避免咀嚼較硬的食物，如：牛肉乾、蒟蒻條、魷魚絲、口香糖等；極少數人注射後有輕微疼痛、瘀青或頭痛的情形，這些症狀通常一週至數週後即會恢復。

直至目前為止，根據臨床研究與調查，並無因注射肉毒桿菌素而產生永久性副作用的個案；若有瘀血瘀青狀況，通常在兩週內就會退去，可使用醫師開立的退瘀藥加速退瘀，而注射部位局

部若有腫脹與疼痛，通常一星期內可消腫，不要熱敷，也要避免按摩。

 肉毒拉皮可用於雕塑局部線條

　　現代人對於肉毒桿菌其實並不陌生，但正確的說法應該是「肉毒桿菌素」，因為它是由肉毒桿菌所提煉出來的產品，只是大家早已習慣把「肉毒桿菌素」叫做「肉毒桿菌」。

　　肉毒拉皮其實就是利用肉毒桿菌素可阻斷神經與肌肉間之神經衝動的特性，放鬆過度收縮的小肌肉，進而達到除去皺紋的作用。另一方面，則是利用其可暫時性麻痺肌肉的作用，讓肌肉因此失去功能而萎縮，就可達到雕塑局部線條的目的。

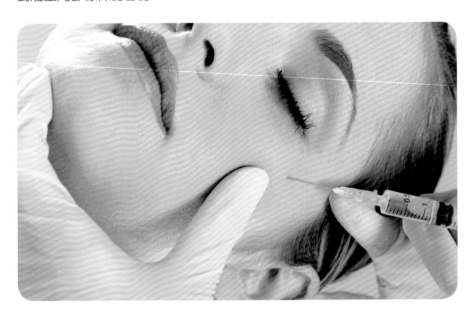

各式熱門拉皮比較表

	肉毒拉皮	電波拉皮	液態拉皮（舒顏萃）	極線音波拉皮	5D逆齡拉提術
適應對象	全臉/輕、中度鬆弛者	輕、中、重度鬆弛者	輕、中、重度鬆弛者	臉部/輕、中、重度鬆弛者	全臉/輕、中、重度鬆弛者
療程時間	約30分鐘	約1小時	約40～50分鐘	約1～2小時	約30~60分鐘
創口	針孔大小	無傷口	針孔大小	無傷口	微孔大小
恢復期	1~3日微腫	2～3日微腫	2～3日微腫	1～2周腫脹	1～2周腫脹
效果反應時間	約1~3週	約等3個月	約1~2週	約1~3個月	約1~2個月
效果持續時間	6個月～1年（視施做內容而定）	約1.5年	約1.5～2年不等	約1.5～2年	約1~2年
費用	中低	高	中等	高	中等
效果	讓皮膚緊實、皺紋減少	使臉部較為緊實	填補凹陷、淡化皺紋、鬆弛改善、輪廓提拉等	皮膚緊緻拉提，輪廓雕塑	填補凹陷、淡化皺紋、鬆弛改善、輪廓提拉、局部體態鬆弛改善等
治療原理	主要是阻斷神經與肌肉之間的傳導，阻止肌肉活躍，將這些下垂的肌肉「放鬆」。	利用電磁波導入深沉皮膚產生加熱效應，刺激膠原蛋白新生，造成皮膚外觀上的緊緻作用，並有雕塑臉部輪廓的效果。其強度跟肉毒拉皮效果雷同。	將聚左旋乳酸微粒注入真皮層，被吸收後會促使膠原蛋白增生，組織逐漸回復體容積。	超音波穿透皮膚表層，會在皮膚的真皮層和筋膜層產生熱效應，促進膠原蛋白和彈性纖維再生重組，恢復肌膚彈性和密度，從而促進肌膚向上拉提。	將PDO縫線注入皮下組織或筋膜層，對肌膚產生立即性的支撐拉提，數月後還能有效刺激膠原蛋白增生，漸進撫平皺紋凹陷問題。

第三篇

抗老化拉皮術Q&A

Q1. 為什麼人會變老？

Q2. 從幾歲皮膚開始老化？幾歲抗老最適合？

Q3. 什麼樣的除皺方法是最好的？

Q4. 拉皮後會不會有副作用？

Q5. 平均多久拉皮一次較適合？

Q6. 逆齡拉提術後要如何保養？

Q7. 我該選擇拉皮療程了嗎？

Q8. 如果選擇適合自己的拉皮療程？

Q9. 男生比女生老化得慢就不需要抗老了嗎？

Q10. 拉皮手術完成後要注意哪些肌膚保養事項？

抗老已成為一種時尚，拉皮是現代醫療技術對抗老化的常用方法，而繼2012年4D醫美技術強調的點、線、面、時空概念後，新時代的美容醫學更強調著重在第五個D，也就是Doctor（醫師），即強調醫師的專業知識、熟稔技術及豐富經驗，有了這些優勢的加持，醫美診所就可更精準評估，並為病患客製化專屬的醫美療程。

常見關於拉皮的問題有哪些呢？以下就一一為您解答！

Q1　為什麼人會變老？

引起衰老的原因有很多，目前並沒有單一的原因可以解釋，只能說有某些因素可能引起老化或加速老化，包括個人體質、生活習慣、外在環境等等。正常狀況下，衰老是人類生命過程中的晚期階段，人體的整個形態、結構和功能都會逐漸衰退，也可以說是死亡的前奏。

衰老和死亡都是不可抗拒的自然現象，人一生下來就注定會經歷生老病死，儘管如此，在一定的條件下，衰老的進展速度還是可以放慢的。只要能積極抗老，就

能延緩老化。

　　研究人員從不同的角度出發，對衰老現象的產生得出不同的解釋，結果形成眾多的衰老學說，例如：自由基致老學說、遺傳認為生物會逐漸衰老、荷爾蒙掌控人體的生理發育並影響人體老化、內在平衡受到破壞就會影響整體代謝並衰老和病變、各個器官逐漸受到磨損傷害而引起等因素。除了人體本身的機制會引起老化外，外部環境也可能導致衰老，例如空氣污染、化學藥劑、電磁場、輻射線、紫外線、噪音、微生物、寄生蟲等。

Q2 皮膚從幾歲開始老化？幾歲開始抗老最適合？

　　一般民眾普遍認為35歲是最適合開始抗老的年齡，但根據許多肌膚研究發現，其實35歲才開始做肌膚抗老都已經太晚了，抗老化要從年輕開始。

　　就像年紀再怎麼大的男女都認為人類最美麗的時期是在25歲，這是一件很奇妙的事情，25歲的女性自然散發出含苞待放的美麗，男性則開始有青春成熟的魅力。25歲的女人給人一種花朵盛開的感覺，這個年紀的女性是最吸引男性追求的階段，25歲的男性也充滿野性的自由狂放。所以說，25歲可說是男人女人美麗的高峰，然而女性到了25歲～30歲這段時間，外貌就會慢慢開始走下坡，但自青春期開始就已經有破壞肌膚的現象產生，例如青春痘，不要以為長青春痘事小，若不處理好，可能會留下長久的遺憾，所以，寶貝肌膚，愈早開始保養愈好。

越早抗老，效果越好

提早進行抗老化就好像提早買保險一樣，越年輕時就投保，保費越便宜、福利又好；相對的，年紀越大時投保，保障少、保額高。要在皮膚條件越好的黃金歲月做好準備，不要等損害已經造成再去補救，因為那必須花上更多的時間與金錢，甚至無法得到良好的效果。

如果說「抗老等於健康美麗」，那我們就必須從小開始做起，必須先培養健康的觀念，如運動、飲食及健康的生活習慣。以青春期的體重管理為例，青春期是脂肪細胞分裂的黃金歲月，一旦青春期體重過重、脂肪細胞分裂得太多，等年紀漸長後就真的不容易變瘦，若是老化後才發胖，則是因為脂肪細胞肥大而非脂肪細胞增生，因此體重管理應該從小做起，否則事後的減肥會是事倍功半。

假使您發現自己臉上開始出現了小細紋，甚至想把它去除掉，那就表示您已經在思考未來如何去除深層皺紋。臉部就像河堤一樣，如果你時時注意填補裂痕，就不會有氾濫成災的一天。我們在可逆反應的觀念中強調，在肌膚出現細小的變化時就要馬上彌補，千萬不要等到變化過大時才要想辦法改善。

加工？天然？

老化是一個自然的過程，所以在抗老這件事情上，最好也要採取自然的療法，因此首先我們必須瞭解什麼叫天然。

常有人為了身體健康，每天都吃很多蔬果，但事實上健康的身體需要的是均衡營養，單單蔬果其實並不夠。而且蔬果殘留的農藥、為了催熟的

化學藥劑、所使用的化學肥料、基因栽培等，這些人工刻鑿的痕跡難道也稱為天然？所以一昧的希望「天然」，不如先瞭解何謂「天然」。

天然物質應該泛指包括動物性、植物性及礦物質等，自然療法更應該涵蓋所有生物科技的療法，因為生物科技原本就取之於自然，這其中包括了激素及動物萃取，適用於符合個別人體需求的狀態。

所以說，雖然基因是不隨意的組合，但是高生物科技、微整型可以幫助你造就自己，你可以不需要再自怨自哀，更不必去抱怨老天爺不公平，其實端看自己是否願意從年輕時就投資自己。

Q3　什麼樣的除皺方法是最好的？

現今的台灣社會，除了生重病的人以外，多半沒有營養不足的情形，量是沒有多大問題，但是品質不佳的不少，包括：長期外食者、愛美的節食族、固執的偏食者，另外長期以來由於飲食的習慣改變，大家的蔬果量也都有不足的情形。

均衡飲食是健康的根本，也是美膚的根本，提醒你，再貴的維他命與營養品都比不上均衡飲食來得重要。

飲食均衡

每日攝取的能量必須不能小於個人的基礎代謝量，所謂身體基礎代謝量是

身體處於睡眠中，維持心臟呼吸等等身體器官存活所需要的熱量，每日約1200大卡。補充適度的能量，身體才會健康。

　　也不要忘記攝取五大類的飲食：澱粉類、魚肉豆蛋奶類、油脂類、蔬菜、水果類，通通不可少，且蔬菜水果攝取的份量，應該至少是魚肉豆蛋奶類的2～3倍。

睡個好覺

　　每天到底要睡多少小時才夠？每個人因基因和體質的影響，差異頗大，但是睡個優質的美容覺，可是每個人都需要的喔！

　　事實上，我們體內自律神經和荷爾蒙等等的變化，讓我們的身體有一定的規律，這個規律是每個人與生俱來的；如果說得簡單一點，每個人各自的生理時鐘，讓我們可以配合環境而生活，而如果說得「武俠」一點，這個生理時鐘可以幫我們吸取日月之精華。

　　當你勉強自己的生理時鐘逆其道而行，也就是該睡覺時不睡覺，身體機能就會出狀況，最明顯的是皮膚就會出現抗議的徵兆，顯得晦暗無光澤。

「壓力大、情緒差」就是美麗大敵

皮膚會說話，戀愛、失戀時往往不用說，外人也猜得出來。皮膚醫學也證實，壓力的確會讓皮膚顯得暗沉沒有光澤，而喜事的確會帶給人好氣色。

事實上，生活是不可能沒有壓力的，人活著，面對外界以及本身生理的變化，隨時要做出適當反應，不管是你的意識做的或者是身體的本能反應，都是屬於壓力的一部分，所以簡單地說，人體是屬於一種動態的平衡。而所謂壓力造成的肌膚變化，指的是壓力超過肌膚所能負荷的狀態。

建議大家每隔一陣子好好算一算、想一想最近生活經歷的點點滴滴，每日三省吾身，每月做好壓力控管，才會快樂又美麗！

Q4 拉皮後會不會有副作用？

肌膚美觀是現代都會男女都非常看重的，但隨著年齡的增長及生活壓力的沉重負荷，肌膚經常都會出現皺紋的情況，這就給愛美人士的肌膚美觀造成很大的破壞。拉皮除皺是愛美男女們經常都會選擇的一種除皺方法，然而很多愛美男女對於拉皮除皺的副作用卻都沒有太多的了解。

儀器拉皮的副作用是比較不會有的，因為它是種較為安全無副作用的無創美容術，像是極線音波拉皮，它主要是靠超音波穿透皮膚表層，會在皮膚的真皮層和筋膜層產生熱效應，促進膠原蛋白和彈性纖維的再生重組，增加肌膚彈性和密度，從而促進肌膚膚質向上提升。

因此，在治療後的2～6個月內，除皺效果可達到最理想狀態，並可

維持數年以上的效果,從而達到使面部整體拉提、恢復輪廓、縮緊皮膚等效果。拉皮治療後並不像雷射磨皮會留下傷口、產生結痂,只是治療結束後,皮膚有可能會有稍微潮紅,這種情況通常不需太過慮,很快就能恢復正常,即使是敏感肌膚,在30分鐘後就能回復正常的膚色與狀況。

　　所以,拉皮是種安全性較高、不會造成傷口的除皺方法,目前已獲醫學臨床證實,它能有效緊緻與年輕化皮膚,且具有療效顯著、安全無創、精確治療、操作簡便等優點。

現代醫美關鍵字——5D逆齡拉提術

　　年輕容貌不可能永駐常在,會隨著時間一點一滴流逝而漸漸消失。而肌膚的老化現象從開始的初老症狀,如粗大毛孔、乾燥肌膚、黯沉無光,緊接著隨著皮層組織內的膠原蛋白漸漸流失後,膚質開始失去彈性,眼周、嘴周細紋漸漸明顯,若情況更為嚴重,還會出現淚溝、額頭、夫妻宮、雙頰等處的凹陷問題,最後整臉輪廓產生鬆弛、下垂等嚴重老化現象。

　　逆齡拉提術除了強調醫師的專業技術與豐富經驗之外,其特殊的微創注射拉皮法,突破傳統拉皮需透過一道傷口才能緊緻臉部輪廓的原理,它採用微整型注射技術,視不同的手術部位將外科用的PDO縫線透過針孔打入皮下組織或筋膜層,對鬆垮的肌膚達到立即性的支撐效果,且PDO線體在注入後約6～8個月的時間可被人體吸收,並開始對肌膚產生刺激,讓膠原蛋白與纖維母細胞漸漸增生,由內而外讓肌膚更加飽滿光滑,達到整臉輪廓輕齡緊緻的效果。

Q5 平均多久拉皮一次較適合？

　　不動刀的拉皮不需開刀、復原期短，做完馬上就可以恢復日常生活。短短兩個半月到6個月之間，就可以神不知鬼不覺地讓肌膚變得容光煥發，所以不動刀拉皮技術近年來讓許多藝人、政商名流趨之若鶩，而且透過電波式拉皮治療後，87％病人的皮膚會因有足夠的膠原蛋白收縮，而立即看到緊緻效果出現。

　　因為真皮層內之纖維母細胞會再生新的膠原蛋白，所以在術後6個月內仍會不斷、持續地緊緻與拉提起鬆弛的皮膚，同時使皺紋減少、重新塑造緊實的臉部線條，讓您的外貌在悄無聲息中越來越年輕。

　　拉皮若要治療到皮膚出現立即緊緻反應，通常需要在治療部位做4～5次以上的加強，因此大部分的人治療後可以看到立即的緊緻或塑型效果。之後，隨著膠原蛋白持續不斷重組，皮膚緊緻與塑型效果在治療後6個月左右會越來越明顯，依美國臨床研究報告指出，多數病患治療後對效果感到非常滿意。

逆齡拉提術效果可以維持多久？

　　逆齡拉提術優勢在於「低痛感」、「低創傷」、「恢復期短」且「術後保養容易」，有別於傳統的侵入式拉皮，逆齡拉提術無須動刀，僅需在施針部位使用局部麻醉藥膏便可減輕痛感，而術後傷口僅有微孔大小，除了要留意2～3天內避免碰水，1～2週內會有輕微腫脹和瘀青，而這些問題可透過冰敷改善，並依個人膚質搭配一般保養即可。對於想立刻看到效果，又怕影響日常生活的愛美男女可說相當適合。接受逆齡拉提術後，成效可以維持約兩年的時間。

Q6 逆齡拉提術後要如何保養？

　　逆齡拉提術後有很少的患者會產生如局部水腫、水泡、瘀青等皮膚的不平整現象，但這些都是暫時的情形，數天後即可改善。要想達到理想的拉皮效果，那麼對術後的保養事項就要嚴格執行唷！

四需知，要注意！

任何手術均須經過謹慎的術前評估，孕婦、心臟病、凝血功能異常與重度疾病患者並不適合進行線提，而除了過去病史，正在服用阿斯匹靈、抗凝血等藥物的患者也需告知醫師，手術前須經醫師再次評估才可進行，醫師和病患之間有良好且詳細的溝通，才能避免糾紛，並有助達到最滿意的治療效果。

而已經完成逆齡拉提術後，須注意的術後需知說明如下：

1.因臉部富含血管，手術後可能會有瘀青狀況，術後立即冰敷可以改善。

2.術後可能發生臉部輕微腫脹、發紅，持續冰敷可以改善。

3.術後一個月內，勿接受雷射光療與微整型療程。

4.術後一個月內，勿過度揉捏治療部位。

Q7 我該選擇拉皮療程了嗎？

每個人都希望青春永駐、永遠18歲，但是隨著時間無情的流逝，體內的膠原蛋白也跟著一起離開，所以抗老化療程成為現今許多愛美男女們的新寵兒，尤其以拉皮的療程最受歡迎，但現在市面上拉皮療程有很多種，各種療程都有不同的作用、原理、療效或副作用，到底愛美人士該如何選擇呢？

透過本書各章節的說明，相信各位對不同的拉皮方式都有一定程度的認識，可根據自己的需求及狀態，綜合各種條件，選擇最適合自己的療

程。拉皮手術一直是現代人對抗老態的好幫手,市面上有許多非侵入性的拉皮療程,都可以有效改善臉部鬆弛、下垂的情況,要怎麼選擇?最重要的是根據自己的老化狀況、需求,來跟醫生討論,才能選擇到最適合你的療程。

「逆齡拉提術」為現代抗老新趨勢

逆齡拉提術基於強調點、線、面及時空概念的4D醫美技術,再依醫師的專業知識、技術與經驗延伸而來。這項新式的拉皮技術,以支撐建構學為基礎,經專業醫師評估鬆弛部位後,運用導管注射器將可被人體代謝的PDO線體植入皮下,為肌膚提供立即性的拉提支撐,凍齡效果即時可見。

而逆齡拉提術使用的是由PDO特殊縫合材料製成的鋸齒線,其邊緣較傾斜、尾端較鋒利,導入皮下淺筋膜層組織後,鋸齒線的每一個小齒緊貼並支撐軟組織,令其往同一個方向前進,使得下端鬆弛的組織能夠向上提升,且固定在上面的組織中,達到緊緻拉提的效果。此外,此特殊材料還有以下三點不容忽視的效果呢!

1.緊緻臉部輪廓

別讓鬆垮的臉龐與下垂的眼

尾、嘴角洩漏你的年紀！透過線提拉皮的微整形注射技術，讓強而有力的PDO縫線為肌膚打好基底，讓臉部線條逆勢向上，成功對抗地心引力！

2.膠原蛋白再生

膠原蛋白是維持肌膚彈性的關鍵，線提拉皮除了藉PDO線體達到立即性的拉提效果外，術後6～8個月後，PDO線體會被人體吸收，刺激肌膚膠原蛋白、纖維母細胞增生，由內而外達到緊緻功效。

3.增強細節，美麗加乘

在為肌膚打好對抗老化的基底時，不妨同步處理其他臉部的小瑕疵，依據個人需求或醫師判斷，搭配自體脂肪注射、玻尿酸、膠原蛋白、肉毒桿菌、雷射等醫美療程，可同時改善膚質、填補凹陷，讓美麗效果更加倍。

Q8 如何選擇適合自己的拉皮療程？

25歲以後，肌膚中的膠原蛋白每一年會降低1%，令肌膚逐漸失去彈性，支撐肌膚的皮下脂肪與肌肉，也會隨著歲月增長而流失、鬆弛。因此，坐在時光列車上的可不是只有「老」人，年輕的你同樣也面臨老化危機，所以超過25歲的你，現在就開始延緩老化、鎖住青春，一點也不為過。

決定拉皮成效之五因素

做了拉皮療程後，決定拉皮效果的因素有以下五個：

1.年齡：若是以單次電波拉皮治療結果比較，年紀越輕效果越顯著（40歲＞50歲＞60歲）。

2.皮膚鬆弛的個別差異：即使年齡相同，但因遺傳基因、日曬、工作壓力等影響因素，仍會出現皮膚鬆弛程度不一的個別差異，而為了達到相同療效，皮膚鬆弛程度嚴重者可能需要兩次或兩次以上的電波拉皮治療。

3.拉皮的治療時間長短：長短其實視個人的情況而定，但治療的時間要夠，才會達到預期的效果。以電波拉皮為例，若是以發數來決定治療效果的話，拉提臉頰去除法令紋至少要600發；而拉提額頭、提眉、去除法令紋及嘴角紋至少要900發；若是加上去除頸紋、雙下巴或火雞脖，則應打1200發才夠。

4.拉皮的種類設定：根據皮膚的厚薄、不同部位，要設定既安全又有效的適當種類，才能達到預期的效果，若是「張冠李戴」亂了套的治療方式，則有可能會影響拉皮效果，導致效果不彰。而若是「狀況輕微但選擇較高層次的拉皮」，就會多浪費了錢或效果；或是「症狀嚴重卻選擇過於輕微的治療方式」，那就無法產生理想的效果。因此找經驗豐富的醫生，才能為自己設定最適合且安全又有效的治療能量。

5.新生膠原蛋白再生完成：大約在術後3～4個月，此時手術效果漸漸明顯，所

以拉皮後的效果會一路延續至術後6個月時達到「最佳狀態」，之後才慢慢隨著自然老化而漸漸鬆弛，所以有做過拉皮跟沒做過拉皮的肌膚緊實度，仍會有2～3歲的差異感哦！

Q9 男生比女生老化得慢就不需要進行抗老療程了嗎？

　　男性20歲左右的肌膚，不缺油也不缺水、皮膚代謝好，但並不代表不需要保養。常期接觸髒空氣及日曬，很容易使肌膚受損，因此這個年齡階段的保養，基礎清潔及保濕是必要的。另外，「長痘痘」也是這個時期的惱人問題之一，必須要小心護理，避免留下痘疤，才能讓你自信帥氣一輩子。

　　進入初老的30歲肌膚，皮膚開始缺油缺水，甚至會產生一些細紋，此時期的保養品也該優化了，除了保濕的化妝水、乳液之外，還得增加含抗老、減少細紋等成分的滋養霜或精華液，以維持年輕肌齡。30歲男性的肌膚逐漸進入老化階段，因此「抗老」成了這個階段的保養重點，撇開自然老化不談，加速肌膚衰老的原因還有熬夜及過度曝曬等，為延緩老化速度，正常作息及防曬是很重要的喔。

　　進入40歲，肌膚逐漸鬆弛、失去彈性，惱人的皺紋也越來越明顯，這個階段的保養品應該以緊緻、修護為主。另外，保持心情愉悅、培養運動習慣也能幫助40歲男性看起來更加年輕。

　　所以，男性跟女性一樣，對於肌膚保養都應該要「預防重於治療」，

早點保養才能獲得較好的效果呢！

Q10 拉皮手術完成後要注意哪些肌膚保養事項？

　　不管你是做甚麼拉皮手術或療程，術後復原期大多會有瘀青、腫脹的情況，甚至有過這樣的案例：病患術後瘀青，之後發生「色素沉澱」的情況，造成難看的斑痕以及肌膚暗沉。此外，有些拉皮手術因肌膚受到拉扯、翻動的傷害，術後肌膚容易乾燥、出現皺紋，這些術後必須承擔的風險及痛苦，病患必須先有心理準備。

術後肌膚保養宜堅守三大原則

　　1.選用天然成分，減少術後復原過程的負擔：一般狀況下，正常肌膚對產品中的化學成分及刺激成分不會有太大的立即反應，但是術後免疫力會大幅降低，這時候人體的抵抗力和循環代謝會變差，原本不明顯的藥性反應或刺激性反應，在術後會相對明顯，因此選用一些含舒緩天然成分的保養品，例如蘆薈、洋甘菊等植物成分，可舒緩術後的不適，讓復原過程減少負擔。

　　2.做好保濕，預防術後皮膚乾燥：術後肌膚保養，保濕是很重要的關鍵。在手術過程中皮脂腺容易被破壞，導致皮膚在術後會顯得粗糙，反而容易因為缺水產生細紋。因此術後需要挑選保水度高的保濕產品，但要注意如果使用乳液或乳霜做術後保濕時，要留意產品裡的乳化劑（界面活性

劑）成分，以免過多的化學界面活性劑
刺激，影響術後傷口的癒合。

　　3.重視後續保養防護：術後保養期
結束後，一樣要重視後續的日常保養，
除了保濕，也要做好防曬及抗氧化，尤
其是眼部周圍是皮下活動最頻繁的區
域，有眾多的靜脈及微血管，恢復時間
需要更久，術後需要更細緻的呵護重
建，預防後續的瘀青及色素沉澱，讓術
後的效果可以保持得更好。

奧莉薇小腿微雕術

楷鈞 ^診_所
L'avenir Clinique de Beauté

地址:台北市復興南路二段139號3樓(寶霖復興大樓)
電話: 02-2709-1188　傳真: 02-2703-5678
www.lavenir.com.tw

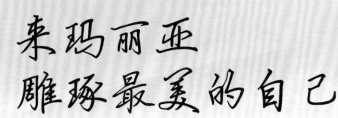

自然事業線~自體脂肪隆乳

楷鈞 診所
L'avenir Clinique de Beauté

地址:台北市復興南路二段139號3樓(寶霖復興大樓)
電話: 02-2709-1188　傳真: 02-2703-5678
www.lavenir.com.tw

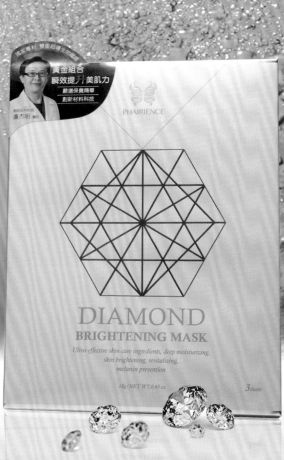

PHAIRIENCE

酈楹國際股份有限公司　台北市中山區長春路六號2樓202室　諮詢專線 02-2567-0969

www.phairience.com　f PHAIRIENCE

漂亮系列06

5D逆齡拉提術
——多元活膚緊實達人

金塊　文化

作　　　者：盧杰明
企　　　劃：馬可孛羅公關顧問管理有限公司
發 行 人：王志強
總 編 輯：余素珠
美 術 編 輯：JOHN平面設計工作室

出 版 社：金塊文化事業有限公司
地　　　址：新北市新莊區立信三街35巷2號12樓
電　　　話：02-2276-8940
傳　　　真：02-2276-3425
E－m a i l：nuggetsculture@yahoo.com.tw

匯款銀行：上海商業銀行 新莊分行（總行代號 011）
匯款帳號：25102000028053
戶　　　名：金塊文化事業有限公司

總 經 銷：商流文化事業有限公司
電　　　話：02-5579-9575
印　　　刷：大亞彩色印刷
初版一刷：2015年5月
定　　　價：新台幣250元

國家圖書館出版品預行編目資料

5D逆齡拉提術：多元活膚緊實達人 / 盧杰明著. -- 初版.
-- 新北市：金塊文化, 2015.05
128 面；17 x 22.5公分. -- (漂亮系列；6)
ISBN 978-986-91583-3-6(平裝)
1.皮膚美容學 2.健康法
425.3　　　　　　　　　　104006469